人工智能前沿实践丛书

利用 Ray 进行 MLOps：

大模型从开发到部署

[美]胡仙（Hien Luu）

[美]马克斯·庞佩拉（Max Pumperla）　　著

[美]张哲（Zhe Zhang）

黎　千　　　　　　　　　　　　译

清华大学出版社

北　京

内 容 简 介

本书围绕 MLOps 展开，全面阐释其概念与落地实践。开篇对 MLOps 进行概述，剖析其体系架构、价值定位与技术栈。随后各章从特征工程、模型训练与推理，到可观测性基础设施，通过理论阐述及架构解析，并结合 Uber、Meta 等知名案例，分享建设思路。此外，本书还介绍 Ray Core 及 Ray AI 库的使用，并提供大语言模型训练部署实例。最后，本书对 MLOps 及 AI/ML 的发展趋势进行展望。

本书条理清晰，理论与实践结合紧密，数据丰富，且案例极具代表性，适合机器学习工程师、数据科学家、MLOps 从业者及对 AI 工程化落地感兴趣的技术人员阅读，助力其深入理解并构建 MLOps 体系。

北京市版权局著作权合同登记号 图字:01-2024-5507

MLOps with Ray: Best Practices and Strategies for Adopting Machine Learning Operations
by Hien Luu, Max Pumperla and Zhe Zhang
Copyright © Hien Luu, Max Pumperla and Zhe Zhang, 2024
本书中文简体字版由 Apress 授权清华大学出版社独家出版。未经出版者书面许可，不得以任何方式复制或抄袭本书内容。

图书在版编目（CIP）数据

利用 Ray 进行 MLOps：大模型从开发到部署 / (美) 胡仙 (Hien Luu)，
(美) 马克斯·庞佩拉 (Max Pumperla)，(美) 张哲 (Zhe Zhang) 著；黎千译.
北京：清华大学出版社，2025.8. -- (人工智能前沿实践丛书).
ISBN 978-7-302-70163-7

Ⅰ. TP181
中国国家版本馆 CIP 数据核字第 2025EW8129 号

责任编辑：贾旭龙
封面设计：秦　丽
版式设计：楠竹文化
责任校对：范文芳
责任印制：宋　林

出版发行：清华大学出版社
　　　网　　址：https://www.tup.com.cn，https://www.wqxuetang.com
　　　地　　址：北京清华大学学研大厦 A 座　　　邮　　编：100084
　　　社 总 机：010-83470000　　　邮　　购：010-62786544
　　　投稿与读者服务：010-62776969，c-service@tup.tsinghua.edu.cn
　　　质量反馈：010-62772015，zhiliang@tup.tsinghua.edu.cn
印 装 者：三河市人民印务有限公司
经　　销：全国新华书店
开　　本：185mm×230mm　　　印　　张：17　　　字　　数：255 千字
版　　次：2025 年 9 月第 1 版　　　印　　次：2025 年 9 月第 1 次印刷
定　　价：99.00 元

产品编号：109242-01

译者序

在人工智能浪潮中，机器学习（ML）技术已从实验室研究进入企业级生产应用，深刻改变着众多行业的运作模式。与此同时，MLOps 作为连接机器学习开发与运维的桥梁，通过整合软件工程原理与机器学习方法，不仅显著提升了模型开发效率，也保障了模型在生产环境中的稳定性与可靠性。Ray 作为一款强大的分布式计算框架，为 MLOps 的落地提供了便捷且高效的工具，极大地推动了机器学习在工业界的广泛应用。

当我初次接触本书时，便被其丰富的内容和实用的架构深深吸引。本书作者凭借深厚的行业经验和专业知识，系统且全面地阐述了 MLOps 的核心概念与原理。开篇对 MLOps 进行了全面的概述，深入剖析其体系结构、价值定位以及标准技术栈，为读者搭建起理解这一领域的理论框架。随后，通过介绍实施策略，并结合 Uber 的 Michelangelo 平台、Meta 的 FBLearner 平台等实际案例，让抽象的概念变得生动具体，读者能切实体会到 MLOps 在不同场景下的应用。

在后续章节中，本书聚焦于机器学习生命周期的关键环节，从特征工程、模型训练、模型推理到可观测性基础设施，不仅对每个环节的架构和技术进行了详细讲解，还通过丰富的案例，包括开源方案、自建方案以及厂商解决方案，分享了在实际应用中搭建和优化这些基础设施的最佳实践。此外，本书专门用两章的篇幅深入介绍了 Ray Core 和 Ray AI 库，从基础概念、API 使用到架构设计，再到具体的大语言模型训练与部署实例，使读者能够全面掌握利用 Ray 进行机器学习开发和运维的技巧。最后，本书对 MLOps 和 AI/ML 的发展现状进行了深入分析，对大语言模型运维的未来趋势进行了展望，为读者提供了极具前瞻性的视角。

在翻译过程中，我始终秉持着严谨负责的态度，力求在准确传达原著内容的基础上，使译文符合中文读者的阅读习惯。为了确保翻译质量，我反复查阅专业资料，请教行业专家，对书中的每一个术语、每一句话进行仔细推敲。尽管我尽了最大努力，但由于知识水平和经验的限制，译文中可能仍存在不足之处，恳请广大读者批评指正。

希望本书能够成为机器学习工程师、数据科学家、MLOps 从业者以及对 AI 工程化落地感兴趣的技术人员的得力助手，帮助大家深入理解 MLOps 的核心理念，掌握利用 Ray 进行大模型机器学习运维的最佳实践，为推动 AI 技术在各个领域的应用贡献一份力量。

黎 千

中文版序

我非常高兴我的书如今能够呈现在充满活力与朝气的中国读者面前。在过去几年里，机器学习领域经历了爆发式的增长。复杂的模型，尤其是大语言模型，正在多个行业推动着变革性的变化。然而，当我们将机器学习项目从实验阶段推进到大规模生产部署阶段时，我们面临着一系列的挑战。我们如何才能有效地管理模型的整个生命周期呢？我们又如何确保它们的持续可靠性呢？这正是 MLOps 发挥作用的地方，它整合了软件工程和机器学习的原理。而 Ray 凭借其强大的分布式计算能力，成为实现 MLOps 的关键助力因素。

本书的实践部分重点介绍了 MLOps 的实施策略。在讨论了战略协同、需求评估和基础设施构建等内容之后，我分享了实际的案例研究，例如 Uber 的 Michelangelo 平台和 Meta 的 FBLearner 平台。这些例子展示了 MLOps 如何在不同的工业场景中有效地得以实施。

Ray 作为领先的分布式计算框架，在加速 MLOps 的实施方面发挥着关键作用。因此，我用了两章来介绍 Ray Core 和 Ray AI 库。这些章节涵盖了基本概念、架构设计、API 的使用，以及大语言模型训练和部署的实际示例。通过本书，读者还将深入了解 Ray 与其他系统的对比情况，以及它与更广泛生态系统的集成方式。

本书最后分析了 MLOps 的当前发展状况，讨论了机器学习开发生命周期、基础设施架构、成熟度模型以及解决方案生态系统。我还对 AI/ML 的未来，尤其是大语言模型运维的兴起，提供了前瞻性的视角。

我衷心希望这本书能成为中国的机器学习工程师、数据科学家和 MLOps 从业者的宝贵资源。愿它能帮助你们解决实际问题，激发新的思路，并为人工智能领域的发展作出贡献。我期待你们的反馈，这将激励我继续创作满足你们需求的内容。

Max Pumperla

前 言

Preface

近年来，机器学习领域发展迅猛，模型复杂度不断攀升，大语言模型更成为推动行业变革的重要力量。但随着机器学习项目从实验阶段迈向生产部署，一系列挑战接踵而至，如何高效管理模型全生命周期，并保障模型持续可用，成为从业者必须攻克的难题。MLOps作为一套旨在整合机器学习开发与运维的解决方案，应运而生；而 Ray 则为 MLOps 的落地，提供了强大助力。在编写本书时，我们希望能为读者搭建一座通往高效 MLOps 实践的桥梁，帮助大家在复杂多变的 AI 领域中找到前行的方向。

本书内容

本书开篇对 MLOps 展开全面论述。首先介绍 MLOps 体系结构，以及机器学习项目的输入和输出，让大家理解这一领域的理论框架。随后分析机器学习项目实施的痛点，阐述MLOps 的愿景与价值，同时介绍 MLOps 标准技术栈与核心组件，帮助大家建立起对MLOps 的整体认知。

接下来，本书从实操角度出发，详细介绍 MLOps 实施策略。在介绍战略协同、需求评估、基础设施搭建方法后，我结合 Uber 的 Michelangelo 平台、Meta 的 FBLearner 平台等案例，展示如何在实际场景中落地 MLOps。

机器学习模型的开发与运维是一个系统性工程，为此，本书分章节对特征工程、模型训练、模型推理、可观测性基础设施进行了深入剖析。不仅介绍各环节的架构、流程，分析自建与采购方案，还通过大量案例研究，分享如何解决组织实施过程中遇到的挑战，帮助读者积累实战经验。

Ray 作为一款卓越的分布式计算框架，在加速 MLOps 落地方面优势显著。本书专门介绍了 Ray Core 和 Ray AI 库，帮助读者理解其基础概念、架构设计、API 使用等知识。通过大语言模型训练与部署实例，读者可以学习如何使用 Ray 进行 AI 任务开发，了解 Ray 与其他系统的异同以及 Ray 的集成生态。

最后，本书对 MLOps 的发展现状进行了分析，探讨了机器学习开发生命周期、基础设施架构、成熟度模型以及解决方案生态。同时，对 AI/ML 的发展现状和大语言模型运维的兴起进行了展望，希望能为读者提供前瞻性的思考，帮助大家把握行业发展趋势。

目标读者

我们由衷地希望，本书不仅能帮助机器学习工程师、数据科学家和 MLOps 从业者解决实际工作中的难题，也能为行业的技术发展和人才培养贡献一份力量。在阅读过程中，若你有任何疑问或建议，欢迎反馈，这将激励我们持续为大家带来更多有价值的内容。

目 录

Contents

1 chapter

第 1 章
MLOps 概览

机器学习（machine learning，ML）作为从数据中学习和提取规律的强效工具，其价值已得到充分验证。过去十年间，得益于海量数据的生成、存储与处理能力的突破，以及计算资源的易获取性，该领域相继涌现出图像识别、语言翻译、大语言模型（large language model，LLM）等突破性进展，诸如 BERT、DALL-E、ChatGPT 等代表性成果相继问世。

如今机器学习已走出学术实验室的象牙塔，在商业领域获得规模化应用。企业通过部署 ML 技术解决现实业务难题，借助客户体验优化、成本控制、运营效率提升等路径构建竞争优势，最终实现行业变革。麦肯锡《2021 年人工智能发展现状》报告[1]显示，全球各区域企业持续加速 AI/ML 技术采纳进程，这一趋势的核心驱动力源自 AI 对企业经营效益产生的实质性影响。

AI/ML 的技术价值已无须赘言，当前企业决策层更关注的核心命题在于：如何将 AI/ML 技术高效融入业务流程与产品体系，实现商业价值的最大化释放。这要求企业建立可持续迭代、流程规范、安全可控的机器学习工程化体系，确保技术落地过程兼具效率与可预期性。

---

[1]　Global Survey: The State of AI Adoption 2021 - www.mckinsey.com/capabilities/quantumblack/our-insights/global-survey-the-state-of-ai-in-2021

Gartner[①]与 VentureBeat[②]等机构的研究数据表明，机器学习项目的工程化落地是一项复杂的系统工程，需要构建涵盖模型开发、部署实施、持续运维的全链路标准化流程，并配套相应技术能力作为支撑。这正是 MLOps（机器学习运维）方法论的价值所在。

1.1　MLOps 体系解析

软件工程的核心使命是为企业创造业务价值，而价值的真正兑现始于软件在生产环境的成功部署。部署效率直接决定价值实现速度，这一认知推动了 DevOps 方法论在全球范围内的普及。通过消除开发与运维的壁垒，建立协同工作机制，DevOps 借助持续集成（CI）、持续交付（CD）和自动化部署体系，确保大规模软件能够快速、稳定地投入生产环境，这已成为现代软件工程的黄金标准。

机器学习项目同样以价值创造为目标，但其价值闭环的实现路径更为复杂。只有当训练完成的模型及其特征工程体系进入生产环境，并建立有效的监控机制后，项目才真正开始产生投资回报率。值得注意的是，机器学习项目的回报周期存在显著波动性：当模型针对具体业务痛点（如客户流失预测）时，可能在部署初期就能显现价值；但完整的投资回报率往往需要模型深度整合进业务流程，并经过长期稳定运行，方能充分释放。这种特性要求项目团队必须建立持续的模型优化机制和适应性监控体系。

深入辨析机器学习项目与传统软件工程的差异至关重要。二者的核心区别主要体现在哪些维度？DevOps 经验能否直接迁移？这些问题的答案将帮助我们构建对 MLOps 技术体系的完整认知。

---

① Our Top Data and Analytics Predicts for 2019 - https://blogs.gartner.com/andrew_white/2019/01/03/our-top-data-and-analytics-predicts-for-2019/

② Why do 87% of data science projects never make it into production? - https://venturebeat.com/ai/why-do-87-of-data-science-projects-never-make-it-into-production/

> **注意**
>
> 　　DevOps 已在众多软件开发组织中广泛应用，这套方法论不仅能提升软件质量与可靠性，还可显著缩短产品的上市周期。其本质包含双重革新：既是对传统软件开发组织社会协作模式与技术架构的范式变革，也是贯穿软件全生命周期的持续自动化实践。
>
> 　　DevOps 的核心在于构建持续交付管道，涵盖从开发、集成、部署到监控的全流程闭环。这种机制保障了软件版本的高效迭代，使频繁发布既快速又可靠。
>
> 　　采用 DevOps 思维的工程师需突破传统角色边界，不仅要精于代码编写，更要深度参与软件的部署与生产环境维护，形成端到端的质量责任意识。

1.1.1　机器学习项目

　　虽然机器学习项目遵循特定的开发周期，但其科学探索属性导致项目周期呈现高度迭代特征。如图 1.1 所示，由于模型训练依赖大量实验验证且对数据质量极度敏感，其开发流程并非传统软件工程的线性推进模式，而是形成包含模型迭代优化、超参数调校与性能增强的螺旋式演进体系。

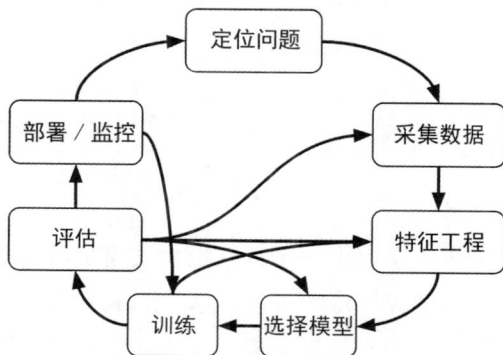

图 1.1　机器学习开发流程

　　机器学习项目往往服务于具有量化指标的商业或产品目标。项目启动之初，清晰界定问题范畴与目标优先级，是后续各环节有序推进的基石。当模型评估显示预测精度未达预期或实验数据揭示现有方案的改进空间时，数据科学家往往需要回溯至前期步骤。无论是补充数据采集维度，还是重构特征工程流程，这种螺旋式迭代恰恰是机器学习研发的常态。

真正成功的机器学习项目，体现在研发团队能高效完成开发周期迭代，通过持续整合实验洞察优化数据管道与算法架构，最终锻造出预测性能卓越的工程化模型。其核心诉求在于，当面对未知数据时，模型能稳定输出符合业务预期的精准预测。

尽管机器学习开发生命周期具有循环迭代特性，但其核心架构可归纳为五个主要阶段：

● 数据采集与清洗。
● 特征工程。
● 模型训练。
● 模型部署。
● 模型监控。

1.1.2　机器学习项目的输入和输出

在传统软件开发范式下，工程师通过编码实现预设逻辑，如图 1.2 所示，其核心是确定性的输入/输出转换。

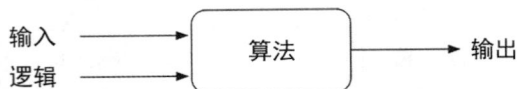

图 1.2　传统软件开发流程

而在机器学习领域，数据科学家聚焦于特征工程与模型研发两大维度。理解这两个关键环节的输入和输出要素，是把握机器学习项目本质的重要切入点。

特征的数量和质量直接决定模型性能上限。如图 1.3 所示，数据科学家超过 60%的精力投入在数据探索与特征工程环节，通过代码将原始数据转化为蕴含预测价值的特征矩阵，以便于训练 ML 模型。

图 1.3　ML 模型训练流程

当特征集通过验证后，研发进入模型训练阶段。该过程需要灵活运用算法库、调整超参数组合，并通过大量对比实验寻找最优解。若模型验证指标未达阈值，研发团队可能需要重新审视特征选择策略，甚至引入新的数据源进行补充。

完整的机器学习项目将产出四大成果：

- 经过清洗的结构化数据集。
- 从原始数据到特征的逻辑。
- 模型训练代码与参数配置。
- 可投入生产的 ML 模型。

ML 模型往往需要重新训练，这源于多种驱动因素，包括新业务需求的产生、新增数据源、机器学习库的可用性提升、模型性能出现衰减等情形。因此，针对 ML 成果，如图 1.4 所示，实施有效的版本控制与管理机制至关重要。

ML 模型 = 数据 + ML 算法 + 超参数

图 1.4　ML 成果

机器学习项目与传统软件工程项目存在显著差异，其独特性可归纳为以下核心特征：

- 模型训练依赖历史数据，这使得机器学习项目需要投入大量数据治理工作，包括数据采集和标注、输入数据的统计分析及可视化处理等环节。
- 模型研发具有高度探索性和迭代性，需持续进行实验验证。
- 当新数据的统计分布与训练数据产生偏移时，模型性能会随时间推移逐渐衰减。
- 项目成功依赖跨领域协作，要求数据科学家、工程师与领域专家密切配合，实现技术能力与专业知识的有机融合。

业界常将 MLOps 类比为机器学习领域的 DevOps 实践。MLOps 通过建立技术规范与管理流程的最佳实践体系，致力于帮助企业实现机器学习项目的高效部署与规模化应用。

1.2　MLOps 的价值定位

随着全球企业日益认识到 AI/ML 技术的价值，它们纷纷投入预算将其应用于提升业务价值、增强竞争力等场景，在此背景下，如何量化机器学习项目的投资回报率（ROI）便成为关键考量。值得注意的是，真正的投资回报率只能产生于 ML 模型部署至生产环境并深度融入企业产品或业务流程之后。那么，推动 ML 模型高效落地的核心要素究竟是什么？经过多年的实践积累与行业探索，机器学习从业者已形成共识——答案正是 MLOps。

本节将剖析机器学习项目落地过程中的典型障碍，并阐释 MLOps 的应对策略。

1.2.1　机器学习项目实施的挑战

Gartners 与 NewVantage Partners 的多项研究显示，尽管企业普遍试图通过机器学习项目提升业务价值，但在实际部署环节却屡屡受挫。由于难以实现模型在生产环境中的快速落地、高效运行和持续迭代，这些项目的投资回报率往往低于预期。NewVantage Partners 2020[①]年的调研数据尤为触目，仅有 15% 的头部企业真正实现了 AI 能力的规模化应用。

如今业界已形成共识，机器学习项目的工程化落地与传统软件部署存在本质差异，其复杂程度远超预期。

本节将剖析机器学习领域常见的实施困境，追溯其形成机理。需要说明的是，诸如专业人才短缺、商业目标模糊等非技术性挑战，虽同样是项目折戟的重要因素，但不在本书探讨范畴内。

1. 应用机器学习

在实际 ML 项目中，其核心任务已形成共识，即通过机器学习实现数据驱动的决策与

---

① AI Stats News: Only 14.6% Of Firms Have Deployed AI Capabilities In Production - www.forbes.com/sites/ gilpress/2020/01/13/ai-stats-news-only-146-of-firms-have-deployedai-capabilities-in-production/

产品创新。

相较于传统软件工程，机器学习作为一门学科，本质上具有更强的实验属性和迭代特征。

具体实施时，首先需要基于数据集训练模型，随后在训练集和独立测试集上验证性能。由于初版模型往往难以达到预期效果，这个过程通常需要反复迭代——每次尝试可能涉及不同的算法架构、超参数配置或特征工程方案。

项目初期，精准预测何种算法组合能带来高性能模型极具挑战。因此，探索性实验与快速迭代成为筛选最优方案、淘汰低效路径的关键环节。

与其他科研领域相似，机器学习实验需要系统记录输入参数、方法路径和输出结果。通过横向对比多组实验结果，能够有效加速分析进程，为后续优化指明方向。

值得注意的是，机器学习领域仍处于高速发展阶段，新技术、新方法和工具库持续涌现。从业者必须保持技术敏感度，主动尝试并整合这些创新来提升模型表现。

这里的核心在于迭代速度：若因流程缺失或工具低效导致实验迭代受阻，ML 模型的投产将难以实现，项目投资回报周期也将大幅延长。

2. 输入垃圾，输出垃圾

计算机领域"输入垃圾，输出垃圾"（garbage in, garbage out）的经典格言，揭示了有缺陷的输入数据必然导致有缺陷的输出结果。这一原理在机器学习领域尤为重要，因为模型训练效果高度依赖于输入数据的质量。

ML 模型的训练过程是将标注数据输入算法并使其学习数据内在规律的过程。业内共识表明，模型性能与训练数据的质量呈正相关。近期，多位知名机器学习专家开始倡导"以数据为中心的 AI"的方法论，强调高质量训练数据对模型性能的决定性作用。

> **注意**　殊途同归的两种 AI 方法论：以模型为中心与以数据为中心
>
> DevOps 已在众多软件开发组织中广泛应用，这套方法论不仅能提升软件质量与可靠性，还能显著缩短产品上市周期。其本质包含双重革新：既是对传统软件开发组织社会协作模式与技术架构的范式变革，也是贯穿软件全生命周期的持续自动化实践。

除了数据质量，数据时效性与统计特征变化等数据特性，同样对模型性能产生显著影响。

若缺乏完善的数据基础设施、严谨的数据工程规范以及专业团队支持，将直接影响模型效果，延缓机器学习项目的投产进程。

传统的"以模型为中心的 AI"方法论聚焦于调整超参数、优化模型架构及算法，通过反复调试以达到预期指标，这种思路长期主导行业实践。

与之目标相同但路径相异的"以数据为中心的 AI"方法论，则保持超参数和模型架构固定，通过基于错误分析的数据迭代持续提升模型性能。根据 Data-centric AI Resource Hub website[①]，该方法论是"系统化构建 AI 系统数据工程体系的学科"，由吴恩达在《MLOps 对话：从以模型为中心到以数据为中心的 AI 转型》专题讲座中首次提出并推广[②]。

3. 发展历程

机器学习最初被视作独立的科研实验，主要由数据科学家单独完成。数据科学家深耕机器学习领域，主要承担模型构建与训练工作。

这种工作模式导致数据科学家往往忽视模型训练之外的工程环节，包括自动化数据管道的建设、高质量代码的开发规范、端到端训练流程的自动化实现，以及将模型集成到生产系统的工程实践。

企业级机器学习项目不同于一次性科研实验，它要求所有软件工程相关环节都必须实现自动化管控、版本追踪、运行监控和可重复验证。若不能引导数据科学家建立工程化思维，或未能提供配套的工具链与基础设施支持，将严重影响机器学习项目的落地效率。更深层次而言，这需要企业整体向产品化思维转型。

4. 团队协作

从模型开发到最终集成至数据决策产品的完整流程，涉及数据工程、机器学习、软件工程和 DevOps 等多个专业领域。这个跨学科的复杂过程本质上是团队协作的过程，需要明

---

① Data-centric AI Resource Hub – https://datacentricai.org/
② A Chat with Andrew on MLOps: From Model-centric to Data-centric AI – www.youtube.com/watch?v=06-AZXmwHjo

确责任划分、加强跨部门协作，才能确保产品稳定性、持续迭代性，以及最重要的商业价值延续性。

典型的团队协作项目需要明确的角色分工与责任划分，而机器学习生产化是典型的团队协作，因此有必要梳理机器学习开发生命周期中各环节的典型角色职责。

表 1.1 展示了机器学习开发的核心活动，其内容并非穷尽式列举。

表 1.1　机器学习核心活动

活动	角色
数据准备	数据工程师
特征工程	数据科学家
模型训练	数据科学家
模型部署	ML 工程师
模型监控	ML 工程师

部分企业可能会在机器学习实施过程中纳入其他角色，例如业务线负责人或数据治理专员。

大中型企业通常为每个角色配置专职人员，而在初创公司或中小型企业中，往往存在一人兼任多个角色的情况。

论文"MLOps：概述、定义与架构"[①]详细阐释了各角色间的协作关系，具体如图 1.5 所示。

成功的团队协作需要完备的人员配置、清晰的职责划分以及顺畅的协作机制。同理，企业要实现机器学习的高效落地，必须构建具备跨学科背景的复合型团队，建立标准化流程、明确的沟通机制与责任边界，确保各团队协调一致，在关键节点按时交付成果并顺利完成工作交接。

---

① Machine Learning Operations (MLOps): Overview, Definition, and Architecture - https://arxiv.org/ftp/arxiv/papers/2205/2205.02302.pdf

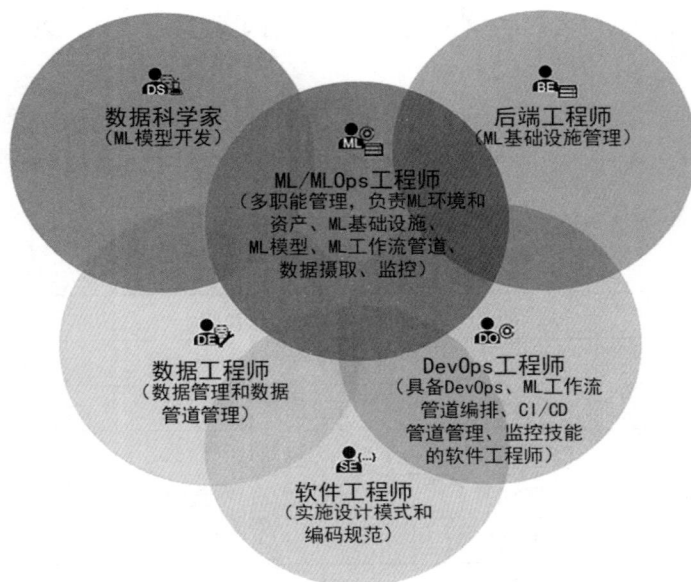

图 1.5　MLOps 的角色协同示意图

5. 挑战综述

虽然持续高效地规模化实施机器学习存在诸多挑战，但其可行性已获验证，且实施成果往往物超所值。

对于积极布局该领域的企业而言，机器学习技术已展现出显著的变革潜力——既能有效降低成本、提升运营效率，又能切实改善企业盈利水平。

本小节将挑战归纳为三个核心维度，即自动化、复现及监控，这些正是 MLOps 技术框架着力解决的重点方向。

1）自动化

如"应用机器学习"一节所述，机器学习研发具有高度实验性与迭代性特征。这意味着在研发流程中，几乎所有环节都能通过自动化获得效率提升。传统人工操作模式存在明显缺陷：错误率高、耗时漫长、结果波动大且难以复现。

自动化技术的应用可显著加速研发进程，使数据科学家能够快速完成开发周期迭代。

正如"输入垃圾，输出垃圾"原则所揭示的，数据相关环节对模型性能具有决定性影响。通过实现数据管道自动化运行与监控等关键环节的自动化处理，将有效保障数据质量与时效性，从而为模型性能优化奠定基础。

2）复现

复杂的机器学习项目往往需要多位数据科学家协同验证假设与训练实验。要实现高效协作，团队成员必须能够快速复现既有实验，这要求先前实验使用的数据、代码及参数配置等关键信息均完整且可追溯。

实践中，基于现有模型迭代开发新版本是常见工作模式。业务需求变更、新增训练数据、用户行为演化等因素都会驱动模型迭代。在此过程中，若能快速复现前期工作成果，将大幅提升新版本模型的开发效率。

3）监控

业界常说，ML 模型的部署只是万里长征第一步，持续维护其运行性能才是真正的考验。这是因为生产环境中的模型性能常常出现退化，这种退化不仅影响用户体验，更可能对企业运营造成实质损害。

性能衰退的诱因复杂多样，例如预测所用特征的质量缺陷、用户行为模式变迁、突发环境变量（如疫情）等都会产生影响。因此，对已部署模型进行持续性能监控，并在关键指标跌破阈值时触发预警机制，就成为数据科学家的必要任务。

这种监控机制同样需要覆盖数据管道，即为模型训练和预测特征提供数据支持的基础设施。

通过对数据质量、特征工程和模型表现的立体化监控，数据科学家和工程师能够建立早期预警系统，在问题萌芽阶段及时干预，确保模型在全生命周期内保持高效运行。

1.2.2　MLOps 的愿景与价值

在深入剖析机器学习项目的开发生命周期、核心要素及落地挑战后，我们需要在先前总结的三大挑战维度框架下，重新审视 MLOps 的价值。

当前业界对 MLOps 的定义存在细微分歧，但其核心诉求高度一致——通过建立系统工程方法，破解机器学习落地难题。

要深入理解 MLOps 的核心内涵，我们可以借鉴剥洋葱的方式逐层剖析。MLOps 体系包含三个基础层面：方法论范式、工程实践准则和核心原则。这三个层面相互支撑，共同构成完整的 MLOps 框架，本节将逐一展开详细论述。通过系统分析每个层面的特性及其相互作用机制，我们能够全面把握支撑 MLOps 体系的理论基础与实践要义，进而理解其在提升机器学习全生命周期管理效能方面的重要价值。MLOps 体系架构如图 1.6 所示。

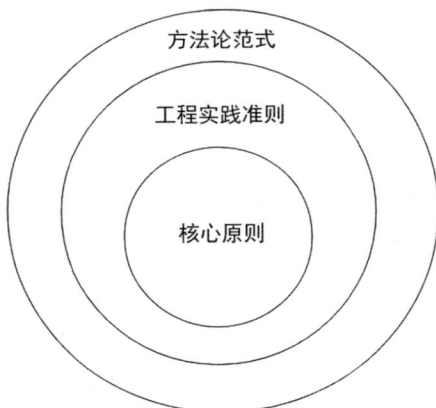

图 1.6　MLOps 体系架构：方法论范式、工程实践准则和核心原则

1. 方法论范式

MLOps 标志着企业机器学习应用的根本性范式转变。这种新范式将机器学习从实验室中的研究课题，提升为企业级的技术资产，需要与传统软件系统同等强度的工程化管理。

领先企业的实践表明，成功的关键在于实现双重转变。首先，将模型及相关制品视为核心软件资产，建立完整的版本控制和质量管理体系；其次，培养工程化的运维思维，在系统设计阶段就融入可靠性、可扩展性等运维要素。这种范式革新，使得机器学习真正成为驱动业务增长的核心引擎。

MLOps 范式包含一整套最佳实践、核心概念与协作机制，这些要素将在后续"工程实践准则"和"核心原则"中深入探讨。

2. 工程实践准则

随着全球企业加速应用机器学习解决商业问题，MLOps 逐渐发展成为融合三大领域精髓的新兴领域——MLOps 有机整合了机器学习、数据工程与 DevOps 的工程实践方法与核心原则，如图 1.7 所示。

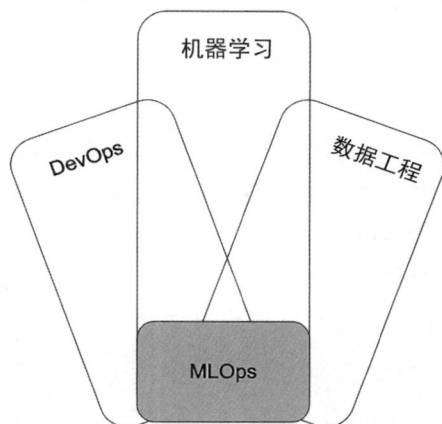

图 1.7　MLOps 工程实践——三大支柱领域的融合

作为系统工程方法论，MLOps 致力于将工程化思维贯穿 ML 模型的开发、部署、监控与全生命周期管理。其核心目标在于建立标准化流程，使企业能够以高效率、高频率、可扩展且可持续的方式实现 ML 模型的工业化部署。简言之，就是通过系统工程方法最大限度缩短从概念验证到生产落地的周期，同时确保与现有软件系统的无缝集成。

1）数据工程

在人工智能领域，数据质量与规模直接决定 ML 模型的上限，数据是 AI/ML 的血液。数据工程对 MLOps 有三大贡献：

● 构建标准化数据预处理框架，为模型训练提供高质量原料。

● 搭建异构数据处理基础设施，支持多源异构数据的采集、存储与消费。

● 通过自动化数据管道实现质量监控，确保训练数据满足准确性、完整性和时效性要求。

2）机器学习

企业级机器学习应用的核心竞争力，在于对算法技术的深刻理解与创新应用。

机器学习对 MLOps 有三大贡献：

- 数据分析与特征洞察能力，确保训练数据集的代表性与公平性。
- 算法选型与超参优化方法论，构建面向新数据的强泛化模型。
- 性能评估与迭代优化机制，使模型指标精准对接业务目标。

3）DevOps

MLOps 继承并扩展了 DevOps 的成熟方法论。相较于传统软件开发，MLOps 需要管理更多类型的工程要素，这种复杂性要求对 DevOps 实践进行适应性改造。

DevOps 对 MLOps 有三大贡献：

- 建立跨职能协作、知识共享机制。MLOps 比 DevOps 团队更为庞大，跨职能协作对 MLOps 的成功尤其重要。
- 构建自动化交付管道，通过持续集成/持续部署（CI/CD）实现模型的高频可靠发布，显著缩短从实验到生产的转化周期，并通过自动化重训练维持模型性能。
- 建立持续测试、质量保障、实时监测、日志追踪与反馈闭环。由于 ML 模型性能高度依赖动态变化的训练数据与预测数据，因而必须对数据统计特征和模型表现进行持续监测，这是确保模型稳定运行、降低用户体验风险的核心保障。

数据工程、机器学习与 DevOps 的既有经验为 MLOps 奠定基础，但 MLOps 特有的实验驱动开发模式、跨职能团队协作要求，以及数据－代码－模型三元体系，催生出以下差异化：

- 测试体系升级：除传统单元/集成测试，需增加数据质量验证、模型性能评估及泛化能力验证。
- 部署流程重构：构建自动化训练－部署管道，实现特征库的在线动态更新。
- 生产环境监测：通过追踪预测数据分布变化与线上模型指标波动，主动预警性能衰减。
- 持续训练机制：当数据漂移或代码、模型更新时，在安全边界内自动触发模型迭代。

3. 核心原则

我们详细探讨了 MLOps 所依赖的三个领域的最佳实践。本节旨在系统地提炼实践经验,并引入若干补充要素,最终形成一套适用于任何 MLOps 实施场景的核心原则。

这些原则将为组织的 MLOps 实践提供指导框架,而每条原则的具体执行力度与关注焦点,需结合该组织的人工智能战略、业务目标、具体用例及文化特质进行适配调整。

1) 自动化

自动化旨在通过建立标准化流程和工具链,最大限度减少人工干预,系统性地完成机器学习开发生命周期中的关键环节。这涵盖数据、代码和 ML 模型等核心要素的执行、构建、测试、训练及部署过程。

在机器学习实践中,诸如数据管道处理、特征工程管道、模型训练管道等开发,往往需要按固定频率持续迭代。这类重复性工作正是自动化技术最能发挥价值的领域。

自动化需求通常会在三种场景下凸显:

- ML 模型数量达到人工运维的临界点,传统管理方式面临资源消耗过大的挑战。
- 开发团队(包含数据科学家、数据工程师、机器学习工程师等角色)规模超过 10 人时,人员协作成本呈指数级增长。
- 企业业务对 ML 模型价值的依赖度持续加深,模型交付效率直接影响商业竞争力。

通过建立自动化机制,项目参与者能够及时获得各环节的反馈数据,这种实时协同不仅提升了个体工作效率,更显著增强了团队整体研发效能。

2) 版本控制

机器学习项目的三大核心要素是数据、代码和模型。遵循 MLOps 的核心准则,应当像 DevOps 对待代码那样,通过版本控制系统对这些要素进行全生命周期管理。

与软件开发规范相似,ML 模型的训练代码不仅需要版本控制,还必须纳入代码审查流程。这种双重机制既保证了训练过程的可追溯性,也确保了模型迭代的可重复性。

业界长期存在一个典型困境:当模型开发者离职后,由于原始训练代码和元数据未被妥善归档至版本控制系统,模型无法重新训练或复现。版本控制正是破解这一困局的关键。

实现训练数据版本控制的难点,主要源于海量数据存储带来的技术挑战。

3）实验跟踪

正如前文所述，机器学习开发本质上是一项具有高度迭代性和实验性的科研活动。为支持机器学习这一独特属性，帮助数据科学家高效开展实验、评估结果并与团队协作，我们需要建立完善的机制来追踪元数据，元数据包括实验参数、性能指标、模型谱系（model lineage）、数据及代码等信息。

追踪的价值不仅在于确保结果可复现，更重要的是构建完整的追溯体系。考虑到 ML 模型的探索与迭代过程需要大量时间和计算资源投入，任何能够优化这两个维度的措施，都将显著提升组织的研发效率。

4）可复现性

可复现性原则强调在机器学习全流程（涵盖特征工程、模型训练实验、部署等关键环节）中，给定相同输入条件时必须能够复现实验结果。

传统软件开发通过版本控制系统即可满足可复现性要求，但机器学习项目需要更复杂的保障机制。具体而言，必须系统性追踪各类数据管道、特征生成逻辑、训练代码版本、超参数配置（特别是数据集的版本管理），以及模型训练时的环境依赖。

这种严格的追溯体系在实际场景中具有重要价值。当项目发生人员交接（如数据科学家离职或调岗），或是线上模型出现影响业务的异常，需要排查时，完备的可复现性保障能大幅降低问题定位成本，确保符合行业监管要求。

5）测试

可以预见，数据工程师、数据科学家、机器学习工程师等从业者遵循测试原则时遇到的阻力最小。然而，机器学习项目固有的动态特性，以及多样化的输入数据和产物形态，使得相关测试不仅更具挑战性，其重要性也愈发凸显。

机器学习项目的有效测试需要覆盖多个维度。本小节重点讨论两方面内容：数据与模型。

（1）数据相关测试。数据质量及其统计特性直接影响 ML 模型在训练和预测阶段的性能表现。以下是关键的测试类型：

● 空值检测、异常分布检验及特征相关性分析。

● 验证二分类或多分类任务中目标标签分布的预设假设。

- 特征生成代码的单元测试。

（2）模型相关测试如下：

- 基于离线数据验证模型性能，确保达到预期精度指标（如准确率）及运行指标（如推理延迟、模型体积）。
- 通过特征重要性分析，量化各特征对模型输出的影响程度。
- 采用少量实时生产数据，对比新模型（或版本）与基线模型／现役模型的性能差异，完成模型冒烟测试。
- 系统性评估模型在公平性、偏差控制及包容性方面的表现。

6）持续机器学习训练、评估与部署

随着企业不断拓展 AI/ML 项目，强烈建议遵循持续训练原则，即通过让 ML 模型持续适应动态变化的环境，从而长期获得机器学习项目的投资回报率。

机器学习从业者普遍面临一个现实挑战：由于多种因素，模型性能会随时间推移逐渐衰减。以电影推荐系统为例，用户行为变化会导致输入数据快速更新，这就要求通过持续的模型训练和评估来保持模型性能，甚至实现性能提升。

要高效、安全地实施这一原则，需要构建三大支撑体系：

- 基于业务指标建立的监控机制，在模型性能低于预设阈值时自动触发报警。
- 根据数据变化或性能衰减自动启动的机器学习训练与评估管道。
- 支持新模型版本安全部署的自动化上线流程。

虽然并非所有机器学习场景都需要持续训练机制，但对于动态数据环境下的应用（如推荐系统、需求预测等），该原则能显著提升模型投资回报率。

7）持续监控

> "唯一不变的是变化本身。"
>
> ——赫拉克利特，古希腊哲学家

机器学习系统需要持续监控的特殊性在于，当模型性能跌破可接受阈值或者开始产生影响用户体验、商业价值及企业声誉的异常预测时，必须及时采取风险控制措施。

这一原则要求对所有机器学习组件（数据、模型、代码、数据处理管道、训练管道等）进行定期主动检测。

在众多监控维度中，最具挑战性的是模型漂移（model drift）现象。随着时间推移，模型预测会逐渐偏离预期轨迹，根源在于训练数据与预测目标之间的映射关系发生了变化。下文将通过具体案例详细解析。

模型漂移主要分为两类：

- 概念漂移：
    - 模型输入与输出之间的映射关系随时间发生改变。
    - 典型特征是输入特征的统计分布未变，但模型性能持续衰减。
    - 典型案例：疫情初期训练的商品需求预测模型，由于突发性卫生用品需求激增，预测准确率大幅下降。
- 数据漂移：
    - 模型输入（训练数据或特征）的统计属性随时间改变。
    - 典型特征是输入特征分布变化与模型性能衰减同步发生。
    - 典型案例：疫情前的通勤时间预测模型，因高峰时段车流量骤减而预测失效。

除模型性能外，还需监控以下运行指标：

- 服务延迟：在线服务场景的核心健康指标。
- 资源利用率：内存、CPU、GPU 等资源的异常占用可能预示系统隐患。
- 预测吞吐量。
- 错误率。

> **注意　DataOps、ModelOps 和 AIOps 的对比**
>
> 如今存在多个以 Ops 结尾的术语，其概念在业界尚无统一定义。根据 Gartner 术语库[①]的定义：
>
> DataOps 侧重优化组织内部数据流的协同管理与自动化。
>
> ModelOps 专注于已部署模型的治理与全生命周期管理。
>
> AIOps 融合大数据与机器学习技术，实现 IT 运维流程自动化，这些流程包括事件关联分析、异常检测以及因果关系判定。

---

① Gartner Glossary - www.gartner.com/en/glossary

1.3　MLOps 标准技术栈

在 MLOps 工程实践与原则之上，构建可扩展的自动化技术体系需要底层技术栈支撑。这套体系需要实现 ML 模型开发、部署、管理、监控的全流程自动化，并确保与业务系统的无缝集成。

本节阐述的 MLOps 标准技术栈，为组织实施机器学习项目提供了基础设施建设的参考框架。我们将从工程视角出发，以技术中立的立场解析各组件及其核心功能。

组织可根据实际需求选择开源或商业技术方案，并制订相应的实施策略。后续章节将深入探讨技术选型与落地方案。

1.3.1　MLOps 体系架构

图 1.8 的架构图改编自 AI 基础设施联盟发布的《2022 年 AI 基础设施生态》报告[①]。原报告提炼了 MLOps 核心能力框架，本架构在此基础上整合了近些年的新兴模块，其中灰色模块表示 MLOps 专属功能。

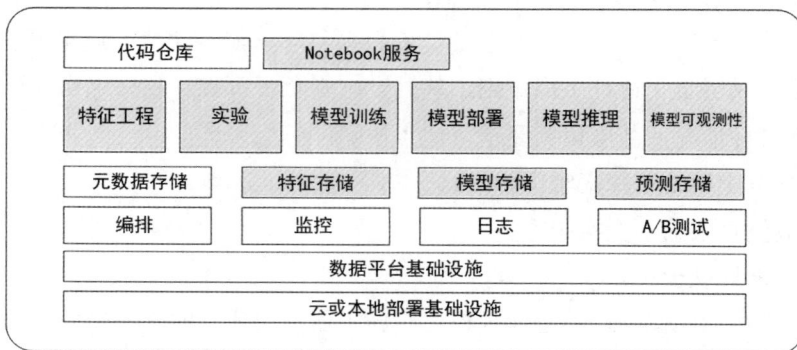

图 1.8　MLOps 体系架构（改编自 AI 基础设施联盟）

[①]　AI Infrastructure Ecosystem of 2022 － https://ai-infrastructure.org/ai-infrastructureecosystem-report-of-2022/

通过观察可以发现，MLOps 技术体系具有显著的复杂性，且高度依赖企业基础架构。其中数据平台作为关键基础设施，直接影响机器学习项目的实施可行性。如果没有完善的数据存储、访问与处理能力，任何大规模机器学习项目都难以落地，实验性小项目除外。

该架构设计旨在支撑完整的机器学习开发生命周期，同时贯彻前文所述的 MLOps 核心原则。

1.3.2 核心组件解析

为深入解析 MLOps 架构中各组件所体现的技术特性，并阐明每个灰盒组件对机器学习生命周期管理及 MLOps 实施原则的支撑作用，本节将系统解析各组件的技术架构与功能定位。通过构建组件间的协同关系图谱，我们将完整呈现从模型开发到部署和运维的全流程技术支撑体系，其中既包含具体工程实践层面的工具链整合，也涵盖方法论层面的最佳实践指导原则。

1. 特征工程

在机器学习项目初期，特征工程占据重要地位。特征工程包含特征筛选、新特征构造、数值缩放与转换等关键步骤，直接影响算法效果。数据科学家往往在此环节投入大量精力。

提升效率的关键在于抽象底层复杂性，使数据科学家能专注特征逻辑设计。理想情况下，数据科学家只需定义特征生成规则，基础设施则负责可靠、高效地实现这些规则。

对于以下三种情况，基础设施要求可适当放宽：

- 机器学习应用处于探索验证阶段。
- 项目数量有限的小型实施方案。
- 特征数据规模较小。

该组件支撑自动化原则，是企业规模化实施机器学习项目的必备能力。

2. 特征仓库

作为集中化的特征管理中心，特征仓库提供特征注册、特征发现等功能，以便了解特征来源、计算逻辑、质量评估与状态监控，从而实现跨团队的特征共享与复用。

完整特征仓库需同时支持离线分析与在线推理场景，其中在线服务因需满足低延迟要求而更具挑战性。

处于起步阶段的企业，可基于 S3 存储桶搭建简易特征仓库。

该组件对实现 AI 项目规模化运营至关重要。

该组件支撑的核心原则包括：持续版本控制、可复现性、机器学习训练、评估与部署标准化。

3. 交互式开发环境

在项目探索期，数据科学家需进行大量实验性工作，包括数据洞察分析、算法选型与参数调优。交互式开发环境（如 JupyterLab）因其灵活的网页界面，成为主流的实验工具。

集中化部署的交互式环境能提供数据访问、计算资源调度等核心功能，显著提升开发效率。虽然开源工具支持本地化部署，但企业级解决方案还能实现团队协作、版本控制、工具链集成等增值功能。

该组件的价值在企业扩展机器学习应用规模时尤为显著。

交互式环境支撑的原则包括：自动化、版本控制、实验跟踪与可复现性。通过为数据科学家提供集中式的工作平台，交互式环境有助于推广这些原则，并支持更高效的机器学习开发流程。

4. 模型训练平台

与特征工程组件类似，该平台的核心目标是降低模型训练复杂度。无论特征规模、模型架构或计算需求如何变化，数据科学家都能便捷高效地完成训练任务。

为实现这一目标，平台须具备以下能力：

- 提供高层抽象接口，用简洁代码定义训练流程。
- 灵活调配 CPU/GPU/TPU 等计算资源。
- 支持持续训练机制。
- 确保训练过程的可复现性与一致性。

以下小节将深入探讨上述各项能力的更多具体细节。

1）抽象接口设计

模型训练是一个交互过程，数据科学家通常具备充分的能力和知识，能够选择合适的特征、ML 模型算法以及一组超参数，从而最终针对当前的业务问题生成最优的 ML 模型。

数据科学家需要一种抽象方式，用最少的代码行数表述模型训练过程中需要完成的任务：

- 数据集划分与采样。
- 算法选择与参数配置。
- 模型性能评估与追踪。
- 快速获取计算资源。

这类抽象接口通常以 Python 库形式封装底层框架与企业基础设施（如日志监控系统）。

技术始终处于持续演进之中。通过引入抽象层，我们能够有效应对技术迭代带来的挑战：无论是迁移到依赖库的新版本，还是更换为具备更优功能的新库，甚至是利用新基础设施提供的服务，抽象机制都大大降低了这些技术升级过程的实施难度。这种设计范式既保证了系统架构的灵活性，也为技术栈的平滑过渡提供了可靠保障。

2）计算资源

当企业持续推进机器学习项目规模化时，其应用场景必然趋于复杂化，这往往需要借助海量特征进行模型训练，并采用复杂度不断提升的机器学习算法架构。

若能大规模获取必需的计算资源，既可实现大型复杂 ML 模型的训练，又能将原本耗时数天的训练周期压缩至数小时甚至分钟级，这将显著加速模型的迭代优化进程，最终缩短 ML 模型从开发到投产的周期。

无论是云端部署还是本地部署，昂贵计算资源的启动与管理本质上属于工程实施范畴。理想的解决方案是最大限度降低数据科学家在此环节的学习成本，将计算资源的启停管理、成本核算等核心事务交由专业化的模型训练基础设施统一管理。

3）持续训练

软件开发领域有句经典调侃，即"本地环境运行正常"。同理，基于个人计算机训练的模型不应直接部署至生产环境，特别是涉及重要业务决策（如信贷审批）的场景。

规范的实践是，所有生产模型必须基于通过了代码评审的训练脚本，通过标准化流程完成训练。

该流程通常集成在持续交付管道中，与版本控制系统深度耦合，确保训练过程可追溯、可审计、可复现。

4）标准化与可复现

随着机器学习应用的不断深化，数据科学家团队规模扩大，人员流动带来的知识传承问题日益凸显。考虑到这些情况，保持训练过程的标准化与可复现性至关重要。

如果训练代码通过严格的代码评审，并以标准化形式存储在版本库中，这不仅能提升团队协作效率，也使后续的模型迭代、问题排查等工作事半功倍。

规范化的开发流程让科学家能快速复现历史模型，专注于新版本优化而非环境调试。

最终，标准化与可复现性将提升团队整体效能，避免重复劳动带来的资源损耗。

模型训练平台作为关键基础设施，对企业机器学习能力的规模化扩展具有战略意义。

5. 实验

实验是数据科学中极具科学性的组成部分，也是 ML 模型训练不可或缺的环节。其核心在于通过探索找到模型架构、特征和调参的最佳组合，从而产出满足业务需求的高性能模型。这个过程需要反复迭代并完整记录所有实验要素，类似于大学化学实验的严谨流程。

该组件的核心价值不在于实验操作本身，而在于为实验相关活动提供全流程支持与追踪能力。

其关键功能如下：

- 提供便捷的实验信息上传通道。
- 采用持久化可靠存储方案保存实验数据。
- 通过 API 或可视化界面实现实验信息的便捷访问。
- 构建直观的对比分析工具，帮助数据科学家快速定位影响模型效果的关键因素。

该组件主要遵循的核心原则是可复现性。

6. 模型仓库

完成训练的 ML 模型需纳入中央仓库统一管理。这个核心存储库将支撑模型的全生命周期管理，涵盖测试环境验证、预发布调试直至生产环境部署等环节。作为企业所有 ML 模型的唯一可信数据源，中央仓库不仅实现了版本控制和协作共享，更使组织能够系统化追踪模型表现，科学决策模型的部署策略。

当企业的模型资产规模突破临界点（通常是 20）后，集中式仓库在解决版本混乱、管理低效等问题上的价值将凸显。

其核心优势体现在：

- 全生命周期管理体系。
- 完备的溯源与复现能力。
- 模型治理：使组织能够制订在模型整个生命周期中对其进行管理的政策和流程，促进合规性，并降低与模型性能或行为相关的风险。
- 安全性：为模型提供安全的存储和访问控制，保护模型免受未经授权的访问或篡改。

如图 1.9 所示，模型仓库在机器学习开发流程与生产环境之间架起关键桥梁，确保模型资产的安全流转。

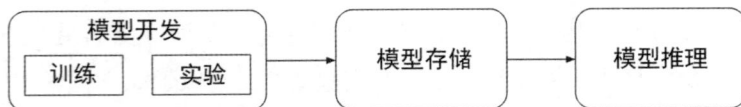

图 1.9　模型仓库

1）全生命周期管理

正式完成训练的候选部署模型，必须纳入仓库的标准化管理体系中。这个中央枢纽不仅提供模型资产的可视化检索，更赋予企业审计追踪、权限管控等核心管理能力。

不同企业的管理复杂度存在显著差异。部分企业可能只需简单的生命周期管理，而强监管行业的企业往往需要构建包含数十个审批节点的复杂流程。通过定制符合企业特性的生命周期管理方案，模型仓库可成为确保合规运营的关键基础设施。

2）溯源与复现

除了存储模型文件和相关元数据，模型仓库还能完整记录部署日志，包括操作人员、时间戳、变更说明等关键信息。对于需要严格审批流程的金融、医疗等行业，这种溯源能力在满足监管要求方面具有不可替代的价值。

在模型入库环节，系统会自动捕获训练数据集指纹、超参数配置等关键信息。当特定场景需要模型复现时，所有关联数据均可即时调取，杜绝"黑箱"操作。

该组件严格遵循版本控制与可复现性原则，为 ML 模型的工业化应用奠定了基础。

7. 模型部署

在传统软件开发领域，每日数次的自动化部署已成为行业常态。

机器学习领域同样遵循这一趋势，模型部署工作流致力于实现从仓库到生产环境的无缝衔接，支持快速迭代与敏捷回滚。

标准部署流程包含两个关键阶段：首先从仓库提取模型文件并完成服务化封装，同时更新模型状态标记；随后将封装后的模型移交至服务系统，触发服务更新，使新模型开始处理预测请求。

图 1.10 清晰展示了该流程中各组件间的协作关系。

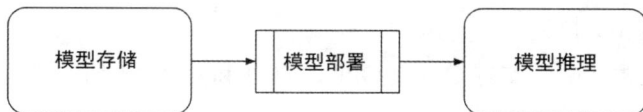

图 1.10　模型部署

由于不同行业的技术架构和合规要求存在差异，具体实施方案可能千差万别。但提升部署效率的核心要义始终是明确的，即构建高度自动化、可配置的部署管道。

该组件深度践行自动化与持续部署原则，有力支撑企业的快速迭代需求。

8. 模型推理

模型推理是机器学习价值兑现的核心环节，承担着将训练模型转化为实际预测能力的重任。根据应用场景差异，预测服务可分为离线批量预测与线上实时预测两种模式。

> **注意** 批量预测和线上实时预测
>
> 当讨论模型推理时，必须明确其运作模式。
>
> 批量预测通过定期或按需的批处理模式生成，可一次性产生数以万计甚至百万量级的预测结果。这种方式尤其适用于批量数据预测的场景，例如基于历史数据建模或需要聚合时间段内输入数据的场景。以电商行业为例，企业可能根据用户的过往购买记录批量生成商品推荐预测，这些预测结果将被用于制订营销策略。生成的预测数据通常存储于 SQL 表或 S3 存储桶等系统中，后续可能迁移至内存数据库或分布式存储引擎等高性能在线系统，以支撑实时服务需求。Netflix 电影推荐系统等经典案例均采用此类模式。由于批预测的延时特性，它也被称作异步预测。
>
> 线上实时预测则直接响应实时请求，单次请求通常会产生一至数千个预测结果。其核心特征在于即时性——预测结果会同步返回请求方，因此这类预测也被称为同步预测。

模型推理组件专注于实时在线预测场景，通过封装模型为标准化服务接口（支持 HTTP/HTTPS、REST/gRPC 等协议），为业务系统提供低延迟的预测能力。

该组件本质上架起了 ML 模型与微服务架构的桥梁，其核心能力指标包括：

- 低延迟、可扩展、高可靠。
- 跨框架兼容性支持。
- 异构计算资源适配，支持 CPU、GPU、TPU 和其他 AI 加速设备。
- 影子部署等高级功能。
- 集成 A/B 测试。
- 特征实时获取能力。
- 完整的预测日志体系（特征、模型标识符/版本、预测结果等）。

当企业开始将机器学习集成到处理在线客户请求的在线产品（如推荐、搜索与排名、欺诈检测、语言翻译、自动完成等功能）中时，模型推理组件是 MLOps 体系中最关键的组件之一。

该组件所秉持的原则是自动化与持续部署。

9. 预测存储

相较于其他成熟组件，预测储存是近年兴起但尚未获得足够重视的基础设施。这个中央存储库专门收录实时预测产生的细日志，包括输入特征、模型版本、预测结果及系统运行指标等关键信息。

对数据科学家而言，这些数据具备多重价值：

- 诊断生产环境中的模型异常。
- 评估影子模型的线上表现。
- 积累增量训练所需数据。

数据科学家需要能够以简便、高效且可扩展的方式访问、分析和处理这些预测日志。该组件所支持的原则是可复现性和持续监控。

> **注意**
>
> Josh Tobin 是一家名为 Gantry 的初创公司的联合创始人，他倡导设立一个名为"评估存储库"的组件。在他题为《机器学习基础设施堆栈中缺失的一环》[①]的演讲中，"评估存储库"被定义为"一个集中存储和查询在线及离线基准事实以及近似模型质量指标的地方"。
>
> 除了具备上述预测存储的功能外，评估存储库还会存储训练阶段的预测结果以及评估阶段的 ML 模型指标，让机器学习从业者能够更自信地部署 ML 模型，并更快发现生产中的漏洞。

10. 机器学习可观测性

机器学习可观测性在 ML 模型部署至生产环境并整合至企业在线产品后，承担着关键的风险防控职能。

其核心价值不仅在于监测模型对预设业务指标的负面影响，更重要的是为团队提供持续优化的能力。通过分析模型性能衰减、快速定位生产环境问题的根本原因，避免模型上

---

① Josh Tobin, "A Missing Link in the ML Infrastructure Stack", http://josh-tobin.com/assets/pdf/missing_ link_in_mlops_infra_031121.pdf

线后陷入"黑箱"运行状态。

作为 MLOps 的核心组件，该体系包含监控、可观测性与可解释性三大支柱，共同保障机器学习系统的可靠运行与高效运维。

1）监控

监控系统通过持续追踪模型准确率、数据漂移、预测失败率等关键指标，构建"故障定位－时间标定"的双重预警机制。

2）可观测性

可观测性旨在为 ML 模型的行为和性能提供更多背景信息或洞察，使团队在问题出现时能够快速识别并调试。例如，如果模型性能开始下降，机器学习团队应该能够轻松且快速地确定根本原因，比如生产特征数据的变化、导致特征数据陈旧的特征数据管道故障、近期模型部署引入的漏洞，或者底层基础设施或环境的问题。

3）可解释性

可解释性旨在帮助人们理解模型为何做出特定预测，或哪些因素对这些预测有重大影响。这些信息对于业务团队或非数据科学团队而言非常有用，能让他们对 ML 模型的性能建立信心，直观了解这些模型的运行方式，还有助于在 ML 模型的验证阶段或在投入使用后，发现潜在问题。

为满足上述三个领域的需求，该组件需要提供的关键要素有：

- 设置对各种与机器学习相关指标（如模型漂移和特征漂移、模型性能指标）的监测，并设置阈值，以便在触发时提醒值班的机器学习工程师或数据科学家进行调查。
- 可视化各种模型性能指标，了解发生了什么情况，并轻松分析这些指标，以便数据科学家能够快速确定问题所在。
- 查看哪些特征在影响预测结果方面发挥重要作用。
- 分析每个 ML 模型的性能指标。

综上所述，借助机器学习的可观测性，数据科学家能够轻松、快速地洞察模型性能问题，理解 ML 模型如何做出预测，并能够回应非数据科学团队针对 ML 模型行为提出的疑问。

> **注意**
>
> 　　该组件高度依赖预测存储的可用性，以便对预测日志数据进行访问和计算各种汇总信息。

　　该组件所支持的原则是自动化原则与持续监控原则。

11. MLOps 支柱体系

　　图 1.8 展示了众多组件，其详细信息在上一节已有描述。我们不妨放宽视角，从逻辑上将这些组件归为更宽泛的类别（笔者称之为"支柱"），这样有助于对 MLOps 体系有一个整体概览。这些支柱抓住了 MLOps 体系的关键方面，便于向其他团队分享和阐释，也有助于在企业将 MLOps 投入生产的过程中，跟踪其进展和成熟度。每个支柱都有足够的范畴和影响力，且边界划分合理。因此，很容易理解为何每个支柱都需要一个团队来开发和支持。

　　如图 1.11 所示，笔者倡导的四个支柱分别是特征工程、模型训练和管理、模型推理以及机器学习可观测性。

特征工程	模型训练和管理	模型推理	机器学习可观测性

图 1.11　MLOps 四大支柱

　　1）特征工程

　　这一支柱负责提供所有必要的基础设施，以支持与特征生成、特征管理和特征存储相关的活动及流程。

　　2）模型训练和管理

　　这一支柱负责提供所有必要的基础设施，以支持与模型训练、模型存储和模型生命周期管理相关的活动与流程。

　　3）模型推理

　　这一支柱负责提供所有必要的基础设施，以支持与模型推理和预测存储相关的活动及流程。

4）机器学习可观测性

这一支柱负责提供所有必要的基础设施，以支持与机器学习监控、可观测性及可解释性相关的活动和流程。

> **注意** 机器学习治理
>
> 机器学习治理是一套涵盖策略、流程与管控措施的综合体系，用于规范 ML 模型的全生命周期管理，重点解决伦理合规审查、风险管控等核心问题。MLOps 的核心关注点在于构建加速机器学习研发的基础设施，因此本章暂不展开讨论与机器学习治理相关的议题。

1.4 小结

本章系统阐释了 MLOps 诞生的技术动因，以及机器学习项目产业化落地面临的独特挑战。通过剖析机器学习项目区别于传统软件工程的本质特征，尤其是其强实验性、持续迭代性等属性，为理解 MLOps 奠定了基础。

进一步地，本章将 MLOps 定位为一门融合三大工程领域精髓的交叉学科：汲取 DevOps 的协同交付理念、数据工程的基础架构能力，以及机器学习的技术方法论。

为了深入解析 MLOps 体系，本章采用分层解构方法论，从顶层范式设计、中观工程原则到底层实施准则，逐层揭示其技术内涵。需要特别强调的是，成功推行 MLOps 的首要前提是思维范式的转变，即将机器学习要素（如模型、数据集）置于项目研发的核心地位。通过标准化践行 MLOps 原则，企业可实现机器学习项目的规模化部署，最大化技术投入的商业回报。

在阐释工程原则后，本章从系统工程视角剖析了 MLOps 技术栈的组成要素。该标准化技术蓝图旨在为企业提供可扩展的自动化框架，覆盖 ML 模型开发、部署、运维与监控的全流程。

最后，本章提出基于功能支柱的技术组件分类框架，帮助从业者清晰把握 MLOps 各领域的技术边界与协作关系。

当企业完成 MLOps 知识体系构建后，如何将其有效整合至现有技术生态？应采取哪些实施策略以提升成功率？可能遭遇哪些典型挑战？第 2 章将针对这些关键问题展开深度探讨，为正在实施或计划部署 MLOps 的企业提供战略级实施指南。

2 chapter

第 2 章
MLOps 实施策略与案例研究

毫无疑问，AI/ML 的工程化实践正迎来蓬勃发展阶段。Gartner 研究报告《IT 预算增长趋势与技术投资方向》[①]显示，AI/ML 已跃居企业技术投资榜首，近半数首席信息官（CIO）确认已部署或计划在未来一年内部署相关技术。O'Reilly《2022 年企业 AI 应用现状报告》[②]进一步佐证了这一趋势，指出金融、教育、医疗、制造、零售等领域的 AI/ML 渗透率持续提升。

当前企业面临的核心挑战在于优化 AI/ML 投资回报率与缩短价值兑现周期，而 MLOps 的有效实施正是破局关键。尽管理解 MLOps 理论框架是必要基础，但将其转化为成功的工程实践仍存在显著挑战。

与所有技术转型类似，MLOps 的成功落地需要依托顶层战略框架，结合系统性策略组合，既要应对技术栈的特殊性，也需统筹组织、流程、数据等多维度要素。

本章将首先构建 MLOps 实施战略蓝图，解析企业需重点关注的六大核心维度。继而从工程实践角度，对比三种典型实施路径的适配场景、技术优势及潜在风险。对于正处于 AI/ML 转型规划期的企业，本章内容既可作为现有方案的优化参考，也可为初始部署提供

---

① IT Budgets Are Growing. Here's Where the Money's Going － www.gartner.com/en/articles/it-budgets-are-growing-here-s-where-the-money-s-going

② AI Adoption in the Enterprise 2022 － www.oreilly.com/radar/ai-adoption-in-theenterprise-2022/

体系化指引。

值得关注的是,众多互联网时代崛起的科技领军企业已率先完成 MLOps 体系构建。本章最后一节将通过四个行业标杆案例,深度剖析不同规模企业的 MLOps 演进路径与实践经验。实践探索由此展开!

2.1　实施策略

《人工智能基础设施生态 2022》研究报告[1]显示,仅有 26% 的受访者对现有的 AI/ML 基础设施表示高度满意。这表明整个行业在基础设施优化方面仍有很大提升空间。调查结果揭示了一个关键挑战:构建符合企业特定需求的 AI/ML 基础设施系统具有高度复杂性。但该调查也指出一个积极信号:超过半数的企业能在两年内实现 AI/ML 基础设施的投资回报。

对于计划部署 AI/ML 技术的公司而言,建立 MLOps 基础设施(也称作 AI/ML 基础设施或 ML 平台)已成为必要选择。需要明确的是,MLOps 的核心价值在于通过标准化、高效的机器学习落地流程,帮助企业提升竞争优势、优化财务表现,最终实现机器学习项目的投资回报率。

与历次技术革新类似,MLOps 的实施策略需充分考虑企业的独特性和多元化需求。不同组织在实施 MLOps 时的成功标准往往存在显著差异。

企业在规划 MLOps 基础设施建设时,应重点考量两个核心要素:

- 业务目标与 MLOps 基础设施建设的战略协同。
- 具体 MLOps 需求的系统性评估。

2.1.1　战略协同

业务目标与 MLOps 基础设施的协同看似不言自明,实则需审慎对待。必须清醒认识到,

---

[1]　AI Infrastructure Ecosystem of 2022 – https://ai-infrastructure.org/ai-infrastructureecosystem-report-of-2022/

MLOps 基础设施本质上是实现商业价值的赋能工具，其终极目标是通过 AI/ML 技术赋能业务增长，确保机器学习投资产生可量化的回报。

实现战略协同可带来三重优势：

● 清晰的企业战略优先级有助于确定 MLOps 组件的实施顺序，优化资源配置。

● 基于共识的业务目标可显著提升 MLOps 建设方案的决策效率。

● 明确的投资回报率为人才引进和商业解决方案采购提供有力的财务论证。

需要特别注意的是，业务目标会随市场环境动态演变，MLOps 基础设施必须建立持续演进机制。若基础设施迭代滞后于业务发展，其角色可能从战略资产异化为成本负担。

2.1.2　MLOps 需求评估

第 1 章阐述的 MLOps 标准技术栈系统梳理了典型 MLOps 基础设施所需的核心组件。尽管该技术栈为理解基础设施构成提供了有效框架，但盲目按序部署各组件往往难以达成预期目标。实际落地时需重点考量多个关键维度。

不同组织在业务领域、企业规模、现有技术生态成熟度、数据科学与运维团队能力，以及至关重要的企业技术文化等方面，存在显著差异。这些要素共同决定了组织在构建 MLOps 体系时的独特需求与实施路径。

接下来，本章将深入解析这些关键维度，具体说明其对基础设施构建优先级、组件权重分配以及实施注意事项的影响机制。

1. 典型应用场景

AI/ML 技术凭借其解决多类型决策问题的强大适应性，已成为企业数字化转型的核心工具。

具体应用场景的类别主要受组织所在业务领域驱动，而场景实施规模则与企业体量及业务单元数量密切相关。

表 2.1 列举了不同行业领域中典型的机器学习应用场景。

表 2.1　行业领域与 ML 应用场景

行业领域	典型 ML 应用场景
医疗健康	智能诊断、患者状态监测
数字营销	个性化广告投放、舆情分析
网络安全	生物特征识别、异常行为检测
智能交通	路径规划优化、自动驾驶系统
金融服务	信贷审批、欺诈检测、信用评分
电信运营	用户流失预测、精准营销投放、网络资源配置优化
能源管理	设备预防性维护、负荷需求预测
社交网络	内容个性化推荐、广告效果优化
零售电商	销量需求预测、动态定价策略

下面选取代表性场景，分析其特殊需求对 MLOps 体系建设的影响。

1）欺诈检测

首个典型案例是金融领域的欺诈检测，这对信用卡用户而言尤为熟悉。理想状态下，金融机构希望完全预防欺诈行为，但实际更可行的方案是建立快速检测机制——在欺诈发生后的最短时间内识别风险，从而最大限度降低损失。

该场景对在线实时推理能力要求很高，需要 MLOps 基础设施提供可扩展、低延迟、高可用的预测服务。这并非否定技术栈其他组件的重要性，而是强调在线预测服务在此类业务中应优先建设。

2）客户流失预测

电信行业作为典型竞争领域，其客户流失预测模型需整合用户画像、行为模式、活动特征等多维度数据。由于数据来源复杂，此类模型的数据异常风险显著提升。大中型电信企业通常并行运行数十个 ML 模型，其周/月流失率指标直接关联企业决策。

此场景的核心需求在于模型性能监控与调试能力。

MLOps 基础设施除自动化管道外，还必须提供完整的可观测性工具，支持数据科学家对模型进行追踪，可视化数据漂移趋势，快速定位模型退化根源。

3）贷款审批与信用评分

在金融、医疗等强监管领域，机器学习系统必须满足合规性要求。这要求建立完善的 ML 治理体系，确保模型决策的公平性、可解释性与可追责性。

在涉及信贷审批的场景中，若模型对特定受保护群体（如特定族裔、性别）产生偏差，可能触发监管审查。MLOps 通过标准化模型开发部署流程，为 ML 治理提供技术支撑。

> **注意　ML 治理（ML governance）**
>
> ML 治理本质是借鉴企业治理框架形成的管理流程，而非独立技术方案。ML 治理继承了传统治理的核心要素，包括访问控制与操作审计。
>
> 根据文章《什么是模型治理》[①]，ML 治理涵盖模型访问控制、策略实施、活动追踪等全生命周期管理。
>
> MLOps 基础设施需提供生产模型权限管理、版本追踪、预测监控等能力。
>
> 通过分析企业核心 ML 用例的优先级，逆向推导基础设施需求，可有效识别技术栈的建设重点，确立符合业务实际的实施路径。

2. 技术

MLOps 基础设施是构建高效机器学习开发生态的核心组成部分之一。该生态的另外两大关键支撑要素分别是 DevOps 和 DataOps。DevOps 基础设施通过一系列自动化和简化的工具及流程，支持协作式软件开发和部署，为高效的机器学习开发奠定基础。DataOps 基础设施则借助自动化工具实现全数据生命周期的协作式数据管理，其中包含的特征工程（feature engineering）环节，与机器学习工作流程中的特征工程建设密切相关。图 2.1 展示了这三类基础设施的协同关系。

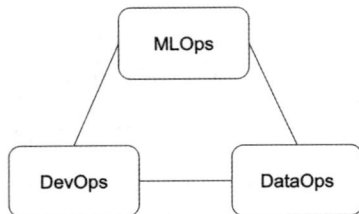

图 2.1　MLOps、DevOps 与 DataOps 的协同关系

---

① What is Model Governance from DataRobot, 2020, www.datarobot.com/blog/what-is-model-governance/

当前阶段，需要重点评估 DevOps 和 DataOps 的成熟度，明确 MLOps 对其的依赖性，若发现现存缺口对机器学习开发生命周期产生可量化影响，则应推动相关改进措施。

计算基础设施和实验基础设施是另外两个深刻影响 ML 开发效能的关键要素。

计算基础设施为规模化机器学习项目提供核心支撑能力，具体涵盖海量特征生成、复杂大型模型训练，以及可扩展的模型推理支持。该基础设施针对机器学习工作流的特殊需求提供多项专属能力：弹性伸缩机制保障动态资源分配，优化系统性能与响应效率；GPU 加速显著提升模型训练速度（尤其在处理复杂深度学习模型时表现突出）；容器化与编排技术确保 ML 模型的一致性打包与部署；并行计算能力则有效提升超参数调优等任务的执行效率。此外，该基础设施还提供高效的模型推理能力与资源监控体系，从而实现成本优化与资源利用率最大化。

对于即将整合至企业在线产品服务的 ML 模型，迭代效率直接决定其投产部署速度。在通过模型迭代筛选最优性能版本的过程中，需要借助 A/B 测试对生产环境中的模型表现进行实验验证。因此，支持快速部署 A/B 测试并提供直观结果分析能力的实验基础设施，对 MLOps 体系的成功建设及机器学习项目的整体投资回报具有决定性作用。

对于技术层面，需要系统性评估支撑性基础设施的成熟度，识别制约机器学习开发效率的关键瓶颈，并制订针对性的改进方案。

3. 人员

成功的 MLOps 实施并非孤立存在，而是需要 MLOps 基础设施团队、内部用户、利益相关方及关键决策者共同协作。若缺乏跨部门协作机制，即便拥有最完善的 MLOps 基础设施，也难以实现 ML 模型的预期部署速度。

对于中小型企业，初期可组建由数据工程团队、DevOps 团队和数据科学团队组成的虚拟联合团队。但随着生产环境中 ML 模型部署规模扩大，特别是需要将其整合至核心在线产品体系以实现商业价值时，建立专职的 MLOps 团队势在必行。该团队应由专业人才构成，负责为企业开发和维护 MLOps 基础设施，制订技术标准与最佳实践规范。

明确内部用户画像、协调利益相关方诉求、获取决策层支持，是 MLOps 成功落地的关键要素。首要任务是精准识别 MLOps 基础设施的核心用户群体与相关利益方。继而需要建立双向沟通机制，邀请上述各方参与基础设施战略规划，持续收集反馈需求，更重要的是通过前瞻性预判主动识别潜在诉求。

4. 文化

当前，多数企业已充分了解 AI/ML 的商业价值，包括非数字化原生的传统企业。对于存在显著文化与组织障碍的企业，高层需制订系统性计划来破除这些实施阻力。

本节关于文化挑战的探讨基于一个重要前提：AI/ML 应用已被列为企业的战略级任务。

企业文化作为指导员工行为准则与决策模式的核心理念，深刻影响着 MLOps 的实施成效。具体需要评估四个文化维度：风险承受阈值、执行效率、决策流程以及协作模式。

1）风险承受阈值

构建 MLOps 基础设施过程中必然面临技术选型风险，包括评估商用解决方案、引入新兴开源项目等场景。

准确评估企业的风险承受水平（保守型或稳健型）至关重要。这直接决定在风险管控上投入的资源配置，以及风险评估阶段所需的信息同步范围。

例如，某项新兴开源项目经验证可显著提升模型训练效率，但由于其成熟度不足，实际应用中存在未知风险。企业的风险承受能力将直接影响技术采纳决策。在此情况下，MLOps 团队需科学规划技术验证周期，并通过充分论证获取利益相关方的认可。

2）执行效率

组织的执行效率通常与其所处发展阶段密切相关。处于初创期的小型组织往往需要快速推进工作，以完成产品概念验证（proof of concept）或实现产品市场契合（product-market fit）。

组织的执行效率将显著影响 MLOps 基础设施的推进速度，以及组织对 MLOps 基础设施展现实际价值的期待时效。对于高速发展的组织，MLOps 基础设施团队必须优先展示持续改进的阶段性成果，而非追求完美方案。

最终，MLOps 团队需要与内部客户和利益相关者保持同步运作节奏，从而有效支撑组织的 AI/ML 战略目标实现。

3）决策流程

成熟组织通常具备规范的决策机制，无论是自上而下的咨询式决策，还是跨部门共识的协作式决策。

在构建 MLOps 基础设施的过程中，涉及多项关键决策，包括：技术选型与供应商方案采纳、模型部署流程设计、模型访问控制机制的严格性等级等。

理解组织的决策机制有助于 MLOps 团队合理规划决策时间成本，精准对接决策影响者，并有效调配资源以推动决策落地。

4）协作模式

机器学习项目通常需要数据工程师、数据科学家、机器学习工程师和 MLOps 团队的多职能协作。若现有协作机制存在缺陷，MLOps 团队应优先建立以下机制：明确跨团队职责边界、构建标准化沟通协议、制订协作质量评估指标，并通过工具链集成提升协作效率。

通过将协作放在首位，MLOps 基础设施团队能够确保所有利益相关者都朝着共同的目标努力，让 MLOps 过程顺利且高效。

实证研究[①]表明，机器学习项目组织常存在三类典型问题：管理层战略指导缺失、部门壁垒导致的资源孤岛、跨层级信息传递失真。这些挑战往往植根于组织文化基因，因此 MLOps 团队需制订针对性方案，例如建立技术治理委员会、实施跨部门轮岗制度、搭建知识共享平台等。

5. 成熟度等级

MLOps 的实施是持续演进的过程，其成熟度等级评估体系可有效追踪组织从局部试点到规模化应用的转型进程。该体系既能诊断当前基础设施状态，又能规划进阶路径，评估目标达成度。

MLOps 成熟度级别是一种跟踪 MLOps 基础设施进展情况和完善程度的手段。MLOps 成熟度最适合用作评估工具，以便了解组织中 MLOps 基础设施的当前状态，知晓下一步该怎么做，以及距离高级成熟度级别是近还是远。

虽然行业已形成建立 MLOps 成熟度模型的共识，但具体分级标准尚未统一。Google Cloud[②]和 Microsoft Azure[③]提出的模型（分别见图 2.2 和图 2.3）目前被广泛引用，相关成熟

[①] Alina Mailach, Norbert Siegmund, "Socio-Technical Anti-Patterns in Building ML-Enabled Software" https://sws.informatik.uni-leipzig.de/wp-content/uploads/2023/01/sociotechnical-anti-patterns-icse2023.pdf

[②] Google Cloud Maturity Model - https://cloud.google.com/architecture/mlops-continuous-delivery-and-automation-pipelines-in-machine-learning

[③] Microsoft Azure Maturity Model - https://learn.microsoft.com/en-us/azure/architecture/example-scenario/mlops/mlops-maturity-model

度等级的技术规范可通过主流云服务平台文档查阅。

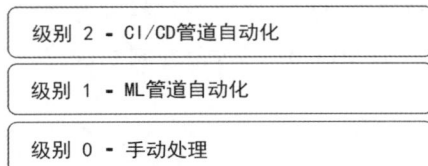

| 级别 2 - CI/CD管道自动化 |
| 级别 1 - ML管道自动化 |
| 级别 0 - 手动处理 |

图 2.2　Google Cloud 的 MLOps 成熟度模型

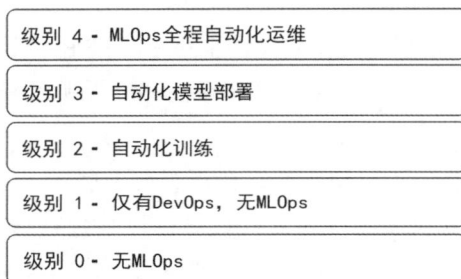

| 级别 4 - MLOps全程自动化运维 |
| 级别 3 - 自动化模型部署 |
| 级别 2 - 自动化训练 |
| 级别 1 - 仅有DevOps，无MLOps |
| 级别 0 - 无MLOps |

图 2.3　Microsoft Azure 的 MLOps 成熟度模型

这两个成熟度模型的核心共识在于强调自动化实践，通过规范化的版本控制和实验结果可复现性，直接提升从模型开发到生产部署的效率。

选择特定成熟度模型作为参考框架是可行的实施路径，但需避免陷入模型选择困境。确定组织当前所处阶段及升级节奏，需深度理解机器学习应用场景的具体需求，并评估 MLOps 技术栈底层基础设施及各组件的成熟程度。

实践证明，实现全流程自动化或达到最高成熟度等级的公司，能够更高效地释放 AI/ML 的潜能，从而加速商业价值创造并优化投资回报率。

Domino Data Lab 首席数据科学家 Josh Poduska 在《MLOps 成熟度的七个阶段》博客文章[①]中另辟蹊径，提出基于能力体系与商业价值双维度的评估框架，如图 2.4 所示。该模型详细阐释了各成熟度等级对应的技术特征与价值产出，建议读者访问原博客获取完整分析。

该研究特别指出：组织应当定期开展 MLOps 成熟度评估，明确自身在演进曲线中的定位，并制订阶段性提升计划。突破价值临界点的核心策略在于构建以数据科学工作流为中

---

① "The Seven Stages of MLOps Maturity"　https://towardsdatascience.com/the-seven-stagesof-mlops-maturity-ccb029530f2

心的端到端能力整合体系。

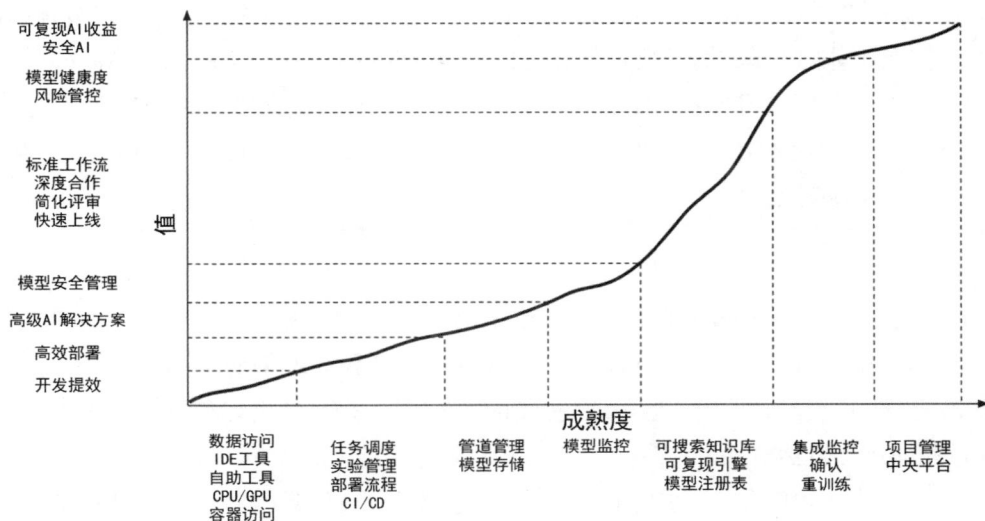

图 2.4　企业 MLOps 成熟度演进曲线

随着组织向更高成熟度的层级演进,其 MLOps 基础设施将显著提升数据科学团队的研发效能与产出质量,最终实现 AI/ML 投资效益的最大化。

2.1.3　MLOps 基础设施构建方法

当组织计划采用数据基础设施、IT 系统或 DevOps 基础设施等技术方案时,通常有三种选择:自建、采购端到端解决方案、采用优选组合(best of breed)。前两者代表两个极端,后者则是折中方案。这些方法同样适用于 MLOps 基础设施的搭建。

在分析各方案优劣之前,需明确 MLOps 基础设施的核心价值场景。

对于仅通过小型实验或原型初步尝试 AI/ML 项目,或将 AI/ML 应用于简单非关键任务(如基于少量客户数据预测购买行为)的企业,可通过笔记本电脑或云主机配合现成工具(如 Jupyter Notebook、Pandas、Python 及易用的 scikit-learn 或 TensorFlow Lite 库)完成项目。此类场景暂无须构建完整的 MLOps 基础设施。

当 ML 用例超过数十个，或涉及 PB 级数据训练、百万参数级复杂模型（如 BERT 或 GPT），或需满足高每秒查询数（queries per second，QPS）和毫秒级低延迟的在线预测需求时，企业需专业基础设施支撑。典型代表包括 FAAMG[①]集团，以及特斯拉、Waymo 等自动驾驶公司。这些早期采用者因技术储备和资源充足，通常已建立成熟的 ML 模型生产化能力。此类企业多采用混合方案，即基于开源工具和自建系统构建 MLOps 基础设施，辅以少量商业解决方案满足定制需求。

注意

在撰写本章时，OpenAI 的 ChatGPT 在 AI/ML 领域中占据主导地位。ChatGPT 全称为 Chat Generative Pre-trained Transformer（聊天生成式预训练 Transformer），由 OpenAI 于 2022 年 11 月创建并推出。通俗地说，ChatGPT 是一个经过训练和设计的智能聊天机器人，能够进行自然对话。

用户与 ChatGPT 的交互主要通过支持追问的对话形式实现。用户可提出多样化的问题，例如要求 ChatGPT 撰写简短报告、总结段落内容、生成特定主题的教案、编写网站开发代码、制订短途旅行计划或推荐观光路线等。

更多关于 ChatGPT 的详细信息可访问 https://openai.com/blog/chatgpt。

介于两者之间的企业被定义为"合理规模"[②]，如图 2.5 椭圆形区域所示。这类企业可能是 ML 熟练度较低但用例数量适中的传统企业，或是 ML 能力较强但用例较少的 AI 初创企业。随着 ML 投入的增加和能力的提升，它们倾向于整合云服务商工具、开源组件和商业方案构建基础设施。

随着企业逐步扩大 ML 投资与项目规模并提升 ML 能力，公司很可能会着手构建 MLOps 基础设施，整合来自云服务提供商（如 Amazon、Microsoft）、专业商业解决方案供应商以及开源社区的工具组合。

---

① Meta、亚马逊、苹果、微软、谷歌。

② Ciro Greco, ML and MLOps at a Reasonable Scale, 2021 https://towardsdatascience.com/ml-and-mlops-at-a-reasonable-scale-31d2c0782d9c

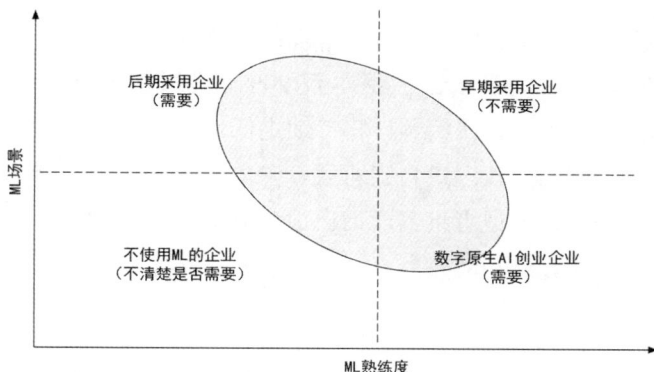

图 2.5　　合理规模企业分布

　　企业采取的策略不应是静态决策，明智的组织通常会定期评估现有方案，根据技术发展动态调整实施路径。

　　决定具体方案时，MLOps 领域的成熟度是关键考量因素。当前该领域仍处于发展初期：一方面，开源社区持续快速涌现创新技术；另一方面，商业供应商解决方案也在加速功能演进。在 MLOps 技术栈中，部分组件已形成明确的头部厂商格局，而其他组件则存在多种技术选项竞争。

　　下面将强调几点重要注意事项，并为每个选项提供若干建议。这些内容既适用于刚实施 MLOps 的企业，也适用于已处于中途阶段的企业。

1. 构建

　　构建方案是指从零开始搭建完整的 MLOps 基础设施（MLOps 技术栈）。MLOps 技术栈复杂度较高，需投入大量工程资源和专业人才。长期维护成本与技术债务也应纳入评估体系。

　　谷歌、Netflix、Meta 等技术领先企业，早期因行业解决方案缺失和业务特殊性，自主构建了 MLOps 基础设施。

　　约五年前，MLOps 领域商业产品稀缺，开源生态尚未成熟，迫使这些企业自主创新，开发了一系列产品。

　　大型企业通常具备两大特征：一是跨团队规模化 ML 应用，集中式基建的投入产出比易获管理层支持；二是面向亿级用户的海量数据处理需求。值得注意的是，近年来，部分企业开始引入开源组件（如实验跟踪系统）以降低运维成本。

《2022 年 AI 基础设施生态》报告[①]显示，仅 20%企业采用自建方案。随着 MLOps 商业产品与开源项目的持续创新，该比例预计将持续走低。

对于大多数企业，强烈建议远离自建方式，除非有一些非常独特的要求或特殊需求，比如严格的治理或合规要求，或者机器学习已成为其竞争优势的一个不可或缺的部分，并且其工程团队正变得更加先进和成熟。

2. 购买

购买方案是指购买并采用统一的端到端（end-to-end）MLOps 平台，以满足全组织需求，与自建方案形成技术选型的两极。

对于某些组织而言，采用端到端 MLOps 基础设施的方案具有显著吸引力，这种选择取决于其运营模式、ML/AI 应用程度、用例数量等多重因素。但需要注意几个关键事项。

该方案特别适合以下三类组织：

- 处于 ML/AI 应用初期，正在进行技术验证或少量概念验证的组织。借助云服务商提供的端到端 MLOps 基础设施，可以快速实现技术目标并提升机器学习实践能力。
- 人力与资金有限的小型数字原生初创企业。使用云服务商的端到端 MLOps 解决方案，能够使其集中精力开发 ML 应用案例，避免陷入基础设施建设的困境。
- 核心业务竞争力不依赖 MLOps 的行业组织。房地产、零售、教育、建筑等领域的企业，通常应将重心放在主营业务上，因此采用托管服务是更合理的选择。

在决定实施端到端 MLOps 基础设施前，企业需重点评估两方面因素：MLOps 成熟度与方案覆盖范围。

当前 MLOps 领域仍处于发展早期阶段，技术创新层出不穷，新兴技术迭代迅速。根据 Gartner《2022 年数据科学与机器学习技术成熟度曲线》报告，MLOps 技术正处于"膨胀预期的高峰期"。

截至本书撰写时，MLOps 正处于技术成熟度曲线（hype cycle）的第二阶段末期。就端到端 MLOps 基础设施而言，目前尚未出现能够完全满足 ML 开发全生命周期需求的统一解

---

① AI Infrastructure Ecosystem of 2022 – https://ai-infrastructure.org/ai-infrastructureecosystem-report-of-2022/

决方案或一体化平台，这些需求包括模型的构建、训练、部署及监控等环节。

但行业探索从未停止。以 Amazon AWS、Google Cloud 和 Microsoft Azure 为代表的头部云服务商，正持续扩展其平台能力，致力于打造此类一体化解决方案。可以预见，随着时间的推移，这些平台将日趋成熟，能够为企业提供更广泛的功能选择。

在现阶段发展过程中，这些平台更注重功能的广度而非深度。这种优先扩展功能覆盖范围的策略，虽能快速满足客户的基本评估需求，但也导致核心组件的功能深度不足。例如，在可扩展的模型推理引擎、先进的监控系统，以及模型可解释性和可观测性等关键领域，现有方案仍存在提升空间。

值得注意的是，不同机器学习应用场景存在差异化需求。以视频/图像/音频等非结构化数据作为训练数据的应用场景，其数据标注和预处理需求就与结构化数据场景存在显著差异。对于主要涉及非结构化数据应用的企业，需要特别验证端到端 MLOps 基础设施对这些场景的支持能力。

在端到端 MLOps 基础设施领域尚未形成明确的市场领导者，且 MLOps 技术成熟度仍处于早期阶段的情况下，企业应理性看待现有解决方案的能力边界。当前阶段不宜期望存在能够同时满足所有应用场景（无论是功能广度还是技术深度）的完整端到端 MLOps 基础设施。

3. 混合方法

混合方法是指通过采购部分 MLOps 基础设施解决方案，配合自主研发或开源方案完成剩余模块的构建。

当处于合理规模发展阶段的企业推进 AI/ML 实施时，其需求会随着机器学习应用场景的多样性、需支持的用例规模量级以及技术成熟度的提升而动态变化。这种混合策略为构建 MLOps 基础设施提供了高度灵活的架构选择，但同时也带来了额外的管理责任。

该方法的核心优势在于模块化架构的搭建自由。

对于 MLOps 基础设施中标准化程度较高的通用模块（如数据处理、管道编排、版本控制与数据血缘追踪、实验跟踪等），建议采用 1 至 2 个主流商业解决方案，这些模块可视为基础设施的核心枢纽。

针对特殊需求的模块（如合成数据生成、定制化模型治理框架、机器学习可观测性与可解释性增强功能等），若存在领域领先且功能匹配的商业方案，采用第三方产品是合理选择。但需注意，这种灵活性需要付出系统集成的实施成本——若所选方案提供规范的 API 接口和完善的技术文档，可显著降低集成难度。

成本控制和技术支持是该方法需要重点考量的两个维度。集成多个专业方案必然产生采购与实施费用，其金额与接入核心枢纽的方案数量及复杂度正相关，需与完全自建或全采购方案进行综合对比。技术支持方面，多供应商环境将丧失"单一责任方"优势，企业需建立跨平台运维管理机制。

鉴于企业在业务需求、技术偏好、用例规模、实施能力等方面的差异性，构建 MLOps 基础设施始终充满挑战。在三种主流方案中，混合方法通过模块化架构提供的扩展灵活性，往往能最有效地满足企业当前及中长期发展需求。

在进入具体案例分析前，需重点强调以下原则：

- 无论选择何种实施方案，建议首先系统梳理当前及未来 1 至 2 年内各业务线需落地的 ML 应用场景，建立完整的用例清单。
- 决策过程中需客观评估现有 MLOps 成熟度，并预判技术发展对基础设施的迭代影响。
- 本节建议应作为指导性框架而非绝对标准。

最后，引用 Better.com 前首席技术官 Erik Bernhardsson 的观点："首席技术官的核心职责已演变为供应商与产品的战略选择，这一趋势随着工具链和基础设施的快速发展逐年加强。"①

2.2　MLOps 全景介绍

毋庸置疑，MLOps 领域在过去七年经历了迅猛发展。据不完全统计，该领域相关企业

---

① Erik Bernhardsson, his tweet on Twitter (September 2021, https://twitter.com/bernhardsson/status/ 1443202575466180617)

已获得数百亿美元投资[1]。商业机构与开源社区持续输出创新成果，学术界开始关注 MLOps 领域，并围绕该方向组建了专门的研究社群，聚焦系统设计与机器学习的交叉学科研究，由此催生了系统与 ML 交叉方向以及相关专业学术会议[2]。

尽管全面描绘 MLOps 生态的全景图存在时效性局限，但把握其发展规模仍具参考价值。Chip Huyen 在《机器学习工具全景 v2》[3]中指出，截至 2020 年 12 月，全球已有约 300 种 MLOps 工具，该研究还提供了可视化分类框架。在 MLOps 可观测性细分领域，技术创新尤为活跃，《MLOps 发展现状》研究通过 Airtable 数据库[4]收录了约 50 家专注该赛道的企业解决方案。

ML 从业者群体通过技术博客、专业著作、行业会议等渠道显著提升了专业认知水平，在实践层面也逐步掌握了行业共享的最佳实践方法。

对于计划构建 MLOps 基础设施或评估现有体系效能的企业，深入理解行业生态格局及核心参与者动态具有重要战略意义。

平台与工具

企业在技术选型时，须明确区分端到端平台与专项工具的核心差异：

- 专项工具专注于机器学习开发生命周期的特定环节支持。典型代表包括：模型监控领域的 Arize、机器学习框架 MLFlow 与 MetaFlow。
- 端到端平台覆盖完整生命周期管理，涵盖特征工程、模型开发训练、模型部署及监控等全流程，本质上是经过深度整合的专项工具集合。行业标杆包括 AWS SageMaker、Google Vertex AI 和 Microsoft Azure 等云平台。

从技术架构维度分析，端到端平台与专项工具构成了通用性与专用性的产品分布，如图 2.6 所示。

---

[1]　The State of MLOps, Dr. Ori Cohen's Research (www.stateofmlops.com/)

[2]　MLSys: The New Frontier of Machine Learning Systems (https://arxiv.org/abs/1904.03257)

[3]　Chip Huyen, Machine Learning Tools Landscape v2, https://huyenchip.com/2020/12/30/mlops-v2.html

[4]　The State of MLOps, Dr. Ori Cohen's Research (www.stateofmlops.com/)

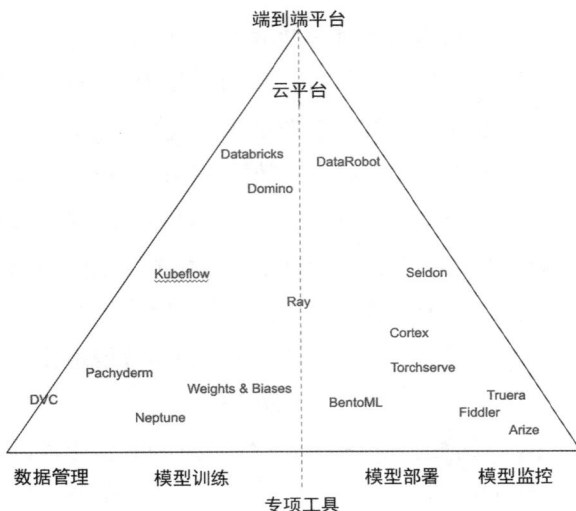

图 2.6 端到端平台与专项工具产品（改编自 Thoughtworks《MLOps 平台评估指南》①）

位于三角形左下角的工具聚焦特征开发与模型训练环节，位于三角形右下角的工具侧重模型部署与监控模块。接近三角形顶端的云服务提供商平台则属于综合性端到端解决方案。

部分专项工具初期聚焦单一功能模块，随着技术演进逐步扩展至相邻领域，形成跨环节的专业化能力。在平台领域，AWS、Google Cloud、Microsoft Azure 等云服务提供商处于技术领先地位，其他竞争者也保持紧追态势。Thoughtworks 发布的《MLOps 平台对比矩阵》②为平台选型提供了权威参考框架。

遵循技术成熟度曲线的发展规律，MLOps 领域在度过概念炒作期后，必将经历行业整合过程，最终在平台与工具细分市场形成明确的头部阵营。该领域未来五至十年的格局演变值得持续关注。

---

① Thoughtworks，"Guide to Evaluating MLOps Platform (November 2021)," www.thoughtworks.com/en-us/what-we-do/data-and-ai/cd4ml/guide-to-evaluating-mlops-platforms

② Thoughtworks，"MLOps Platforms Comparison Matrix"google sheet, https://docs.google.com/spreadsheets/d/1nRqjnD7SCMJGm YR 2gdZJ84YolLnHAMJwjSG7z7VcM6c

2.3　案例研究

多数互联网巨头早在 2010 年甚至更早时期，就已认识到 ML/AI 的技术潜力，包括亚马逊、谷歌、Meta、Netflix、Uber、领英、推特、特斯拉等企业均投入重金将其整合至在线产品中。典型范例包括支撑 Netflix 影视流媒体平台的推荐系统，以及驱动亚马逊电商平台的核心算法。

这些企业凭借庞大的用户群体、海量数据积累和多样化的机器学习应用场景，构建了数量可观的 ML 模型。在 MLOps 概念尚未成型之际，这些企业就亟须高效、大规模地部署 ML 模型，因此不约而同地投入资源自建基础设施。这种技术演进路径使企业被动地涉足 MLOps 领域，实属业务发展的必然需求。

MLOps 的早期形态可追溯至谷歌 2015 年发表的里程碑论文《机器学习系统中的隐藏技术债》[①]。该论文明确指出：实际生产环境中的机器学习系统里，模型代码仅占极小部分，而配套基础设施的规模和复杂度远超想象，这一关系结构如图 2.7 所示。

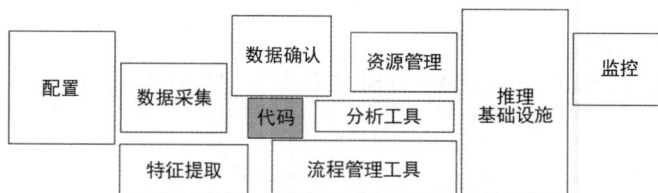

图 2.7　机器学习代码与基础设施的规模对比

下文将解析两个具有行业标杆意义的机器学习平台：Uber Michelangelo 与 Meta FBLearner。这两个由专业团队构建并维护的平台，均成功实现了 ML 模型的大规模生产化部署。本文的探讨重点不在于完整复现其架构，而在于提炼可复用的工程实践，并汲取其在系统设计层面的经验。

[①]　D. Sculley, G. Holt, D. Golovin, E. Davydov, T. Phillips, D. Ebner, V. Chaudhary, M. Young, J. Crespo, and D. Dennison, "Hidden Technical Debt in Machine Learning Systems", NIPS, (2015) https://proceedings.neurips.cc/paper/2015/file/86df7dcfd896fcaf 2674f757a2463ebaPaper.pdf

2.3.1　Uber 的 Michelangelo 平台

在业界广受关注的 ML 平台中，Uber Michelangelo 占据重要地位。其发展历程可通过公开资料详细了解。该平台支撑着 Uber 核心业务（包括网约车和 Uber Eats 外卖服务）中的多个关键机器学习应用场景，例如订单调度、动态调价、需求预测、预计到达时间计算、餐厅备餐时长预测及反欺诈系统等。平台日常运行的生产级 ML 模型数量长期维持在数千个量级。

2015 年前后正值 Uber 业务高速扩张时期，ML 模型的开发与部署缺乏统一标准，从而导致多重问题：

- 系统碎片化：不同团队重复开发功能相近的解决方案。
- 标准化缺失：孤立构建的机器学习系统难以实现跨团队复用。
- 效率瓶颈：缺乏最佳实践导致同类问题重复攻关，模型不可复现性阻碍新数据迭代。
- 扩展性不足：简易方案难以应对数据规模增长，资源利用率低且与大数据生态割裂。

Uber 于 2015 年启动 Michelangelo 平台建设项目，旨在通过构建企业级机器学习平台突破发展瓶颈。该项目组建了包含产品经理和工程师的专职团队，将 Michelangelo 打造为 Uber 的战略级内部产品。

据 Michelangelo 团队核心成员 Achal Shah 阐述[①]，Michelangelo 平台建设遵循四大实施策略：

- 提供标准化工作流工具链，平衡开箱即用体验与定制灵活性。
- 内置高性能标准化机器学习算法库。
- 构建可扩展的端到端机器学习管道，适配大规模应用场景。
- 通过降低使用门槛推动机器学习技术普及。

经过持续迭代，Michelangelo 逐步实现了涵盖数据准备、模型训练、在线/离线预测及监控的完整工作流（如图 2.8 所示）。平台架构融合开源组件与自建系统，深度集成 Uber 大数据基础设施，形成完整的技术生态。

---

① Achal Shah, "Michelangelo: Uber's machine learning platform" (2018), www.youtube.com/watch?v=hGy1cM7_koM

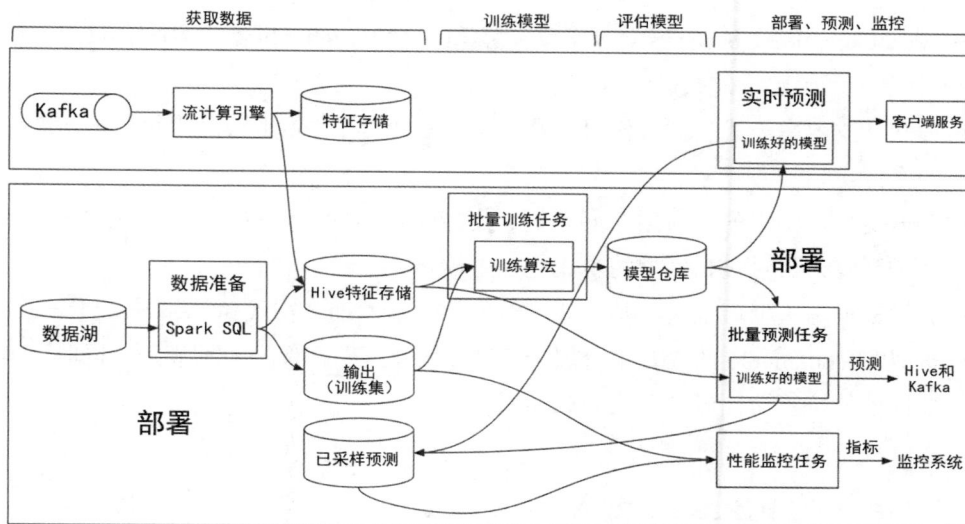

图 2.8　Michelangelo 系统架构

　　核心设计理念强调将机器学习工程软件化，特征管道、模型训练管道、模型开发和部署元数据等均纳入代码管理体系，并实施版本控制、代码审查、严格测试等软件工程实践。典型应用案例包括生产部署前通过保留数据集验证模型性能，确保在线效果与离线评估一致。

关键要点与实践经验

　　为支撑 Uber 庞大的机器学习从业者社区及其多样化应用场景，从基础设施层面构建机器学习平台需要持续投入专业团队进行开发迭代与维护。这类平台的效益显著且影响深远，因为机器学习在 Uber 的在线市场生态中承担着驱动业务增长、优化用户体验及降本增效的关键职能。

　　重要收获是工具链与基础设施对提升机器学习开发效率、加速流程迭代、降低准入门槛及实验成本具有决定性作用。

在《Michelangelo：Uber 机器学习实践》[①]主题演讲中，Uber 机器学习团队负责人 Jeremy Hermann 分享了平台建设的关键经验：

- 提升开发效率需让从业者使用偏好工具，并通过自动化工具消除复杂工作流各环节的摩擦。
- 数据是机器学习的生命线，必须构建支持快速访问、计算与分析的数据基础设施。
- 赋予开发人员对 ML 模型的全流程自主权。
- 提供数据与模型可视化工具，通过封装界面技术细节实现高效部署。
- 类似 Michelangelo 的 ML 平台属于复杂系统工程，在保持长期规划的同时，基于用户反馈的持续迭代可显著提高成功率。

2.3.2 Meta 的 FBLearner 平台

Meta 是 ML 规模化应用的先驱，通过 ML 技术为其在 Facebook、Instagram、Messenger 和 WhatsApp 的海量用户提供个性化体验。应用场景涵盖个性化内容推荐、违规内容识别、搜索排序优化、日均超 20 亿条的多语言实时翻译[②]、精准广告投放、语音交互及语义理解等核心业务。

Meta 构建机器学习基础设施的战略因其业务规模和应用多样性而独具特色，但其演进路径与其他企业的实践经验具有高度共性。

机器学习效能高度依赖数据质量，Meta 从其高频互动的用户生态中持续获取海量数据资源。每日数十亿用户和数亿媒体内容产生的数据规模已达 PB（Petabyte）量级[③]。为支撑此规模，Meta 构建了分布式存储、流式计算及高效检索系统，使研发人员能够便捷获取训练数据。如图 2.9 所示，如此体量带来的基础设施挑战涉及存储、计算、传输等多个维度，需要持续的资金投入、专业团队支持及技术创新。

---

① Jeremy Hermann, "Michelangelo-Machine Learning @ User" (2018) - www.infoq.com/presentations/uber-ml-michelangelo/

② "Machine Learning at Meta," 2022 - www.metacareers.com/life/machine-learningat-facebook/

③ Janet Wiener, Nathan Bronson, "Facebook's Top Open Data Problems" (October 2014), https://research.facebook.com/blog/2014/10/facebook-s-top-open-data-problems/

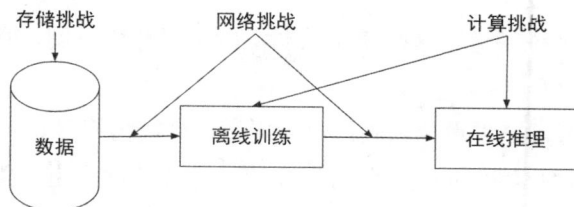

图 2.9　AI/ML 系统构建与扩展中的基础设施挑战（改编自
《Facebook 机器学习实践：基础设施视角》[1]）

除了运营全球化数据中心，Meta 还研发专用硬件加速器，以优化模型训练、在线推理等核心场景的计算效能。

Meta 构建 ML 基础设施的核心目标之一是降低机器学习的使用门槛，使非专业背景的工程师能够快速迭代现有模型以提升精度，并通过防护机制实现模型的快速生产部署。这一战略的驱动力源于其广泛的产品应用场景对机器学习的需求，以及工程师团队规模远超数据科学家的现实，后者的人力储备无法满足全公司的 ML 应用需求。

2014 年末启动的 ML 基础设施建设以 FBLearner 为核心（架构如图 2.10 所示），旨在为全公司提供统一的模型构建、训练、部署和服务支持。其中，特征存储组件实现特征的标准化存取，工作流组件支撑模型开发与训练，预测器组件则负责在线推理服务的大规模交付。

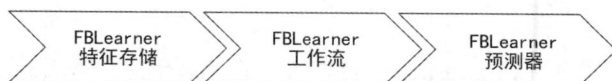

图 2.10　FBLearner 组件（改编自《Meta 机器学习基础设施全景解读》[2]）

Meta 的 ML 工作流采用核心范式开发模式，由专业团队构建基础工作流模板，供全公司复用。FBLearner Flow 平台由此应运而生，其设计理念包含双重目标：重构机器学习技术栈基础架构，让每位工程师都能便捷地使用前沿的 AI 与机器学习算法[3]。该平台作为工作流管理系统包含三大模块：分布式工作流开发执行环境、实验管理可视化界面，以及覆盖

[1]　Yangqing Jia, Machine Learning at Facebook: An Infrastructure View, 2018, www.youtube.com/watch?v=qTRLabsOOhQ

[2]　Jeffrey Dunn,"Introduction FBLearner Flow: Facebook's AI backbone"（May 2016），https://engineering.fb.com/2016/05/09/core-data/introducing-fblearner-flowfacebook-s-ai-backbone/

[3]　Sam Charrington, Aditya Kalro,"The Evolution of Machine Learning Platforms at Facebook"（2022），www.youtube.com/watch?v=I0E43Up2L7k

公司主流算法的预置训练管道。这些模块共同支持工程师快速创建数千个并行实验，实现 ML 实验全生命周期管理。

FBLearner Flow 遵循三大设计原则：可复用性、生产力提升、可扩展性。

可复用性通过模块化组件实现，包含工作流、运算符和通道三类基础元素。每个工作流实例称为管道，面向具体业务场景构建，包含训练评估等 ML 专项任务。任务由可组合的运算符定义，支持串行与并行执行。管道运行依赖通道机制实现数据流转，输入特征经过模型训练后，输出结果将被持久化存储。

生产力提升依托实验管理组件实现，其可视化界面支持管道定制、任务启停和结果分析。该组件采用通用解释器解析工作流定义，通过插件体系对接不同业务系统，满足跨团队定制需求。可靠性保障则通过严格的工作流验证框架实现，该框架兼容多种 ML 技术栈，确保不同技术方案的质量标准统一。

可扩展性原则是通过提供一致且严格的工作流程验证，以及一套支持围绕各种机器学习库的多样化需求的工具集实现的。

该平台的广泛落地成效显著。超过 25% 的 Meta 工程师使用其构建个性化产品体验，累计训练模型数量突破百万量级。

关键要点与实践经验

Meta 于 2014 年启动的 FBLearner 平台建设的探索，验证了降低机器学习应用门槛的有效路径。但要实现完整的机器学习开发生命周期管理并落实 MLOps 最佳实践，仍需持续投入以提升机器学习应用效率。

Meta 高级软件工程经理 Aditya Kalro 在 2020 年 TWIML 网络研讨会的网络直播《Facebook 机器学习平台演进》[①]中总结的核心经验包括：

● 借鉴软件开发方法论指导机器学习实践。模型开发与生产环境部署存在诸多共性需求，包括需要高效流畅地构建发布流程以支持模型迭代更新，当模型在多产品线中深度影响用户体验时，完善的监控和调试机制不可或缺。

---

① Sam Charrington, Aditya Kalro, "The Evolution of Machine Learning Platforms at Facebook"（2022），www.youtube.com/watch?v=I0E43Up2L7k.

● 构建覆盖全生命周期的技术支撑体系。FBLearner 平台早期版本的特征存储仅实现基础存取功能，特征工程仍需人工开发。针对图像分类、语音识别等非结构化数据处理场景，高质量标注数据能显著提升算法学习效果，因此支持快速数据标注的基础设施可加速机器学习应用落地。

2.4　小结

成功推行 MLOps 需制订针对性策略。本章强调两个核心决策维度，首先需确保 MLOps 基础设施目标与业务战略对齐，其次要系统评估组织的具体需求。

各企业的 MLOps 需求存在很大区别。评估需求应涵盖机器学习应用场景、技术栈成熟度、数据科学团队规模及组织文化适配度等要素。

在实施路径选择方面，采购、自建、混合三种模式中，鉴于商业解决方案与开源生态的蓬勃发展，多数企业倾向采购或混合模式。但需注意，MLOps 技术生态快速演进，企业应严谨评估商业方案的成熟度，并明确其在技术架构中的定位，属于端到端平台还是专项工具。

本章最后解析 Uber Michelangelo 和 Meta FBLearner 两大标杆平台。这两个平台旨在大规模支持机器学习的落地实施，由一个庞大的团队搭建和维护。MLOps 平台的最佳实践以及所积累的一些经验教训，对于正采用 MLOps 的企业而言，具有非常高的参考价值。

3

chapter

第3章
特征工程基础设施

本章及后续与基础设施相关的章节将深入剖析 MLOps 技术栈的核心组件,包括特征工程基础设施、模型训练基础设施和模型推理基础设施。这些章节采用统一结构,首先阐述高层次的技术细节与优势,接着解析系统架构及其子组件,最后通过典型案例分析(涵盖自建解决方案、开源方案和商业供应商方案)加深理解。

这些基础设施相关章节的技术解析旨在帮助 MLOps 领导者、技术负责人和工程师,从宏观和技术维度理解系统复杂性及设计权衡,更重要的是为构建 MLOps 基础设施或开源/商业解决方案选型提供决策依据。同时,我们会在相关环节指出可能存在的组织协同挑战。

> **注意**
>
> 本书中的"基础设施"(infrastructure)与其他文章中的"平台"(platform)概念高度相似,二者常可互换。笔者认为"基础设施"更侧重技术实现层面,而"平台"是包含多个基础设施组件的宏观概念体系。因此本书采用 MLOps 平台(ML 平台)这一术语,统指支撑机器学习全流程所需的基础设施集合。

3.1　概述

特征工程是机器学习开发流程的首要关键阶段，数据科学家在此阶段将原始数据转化为用于模型训练的特征集合。特征质量与合理性直接影响 ML 模型的准确性和性能。特别是在大规模场景下，特征的创建与生成既依赖数据基础设施的成熟度，也面临诸多工程挑战。正因如此，当缺乏特征工程基础设施支持时，数据科学家往往需要在此环节投入大量时间。与其他机器学习环节类似，特征工程也是迭代过程，即通过实验获得新认知后，需要持续优化现有特征或开发新特征。

在深入解析特征工程基础设施之前，我们首先从数据科学家的视角理解其特征工程流程的核心诉求。

虽然具体流程因问题场景有所差异，但数据科学家通常遵循以下通用步骤：

- **特征发现**：快速复用现有适用特征能显著提升效率。随着组织内机器学习项目规模扩大，基础特征集逐步沉淀，这些特征往往可复用于相似场景。
- **探索性数据分析**：通过数据探查与可视化识别潜在特征，分析数据模式并诊断质量问题。
- **特征转换**：运用数学运算、统计指标（如均值、众数、方差）及特征工程技术（包括独热编码、缩放、归一化、填补缺失值、降维、文本处理等）进行数据转换。
- **特征筛选与验证**：从生成特征中选取最有效的子集用于模型训练，并检验过拟合/欠拟合情况。
- **特征服务**：支撑模型训练与在线推理的关键环节。
- 在线机器学习场景中，特征需定期更新或实时刷新，并确保特征在推理阶段低延迟可用。

注意　数据和特征

人们常常会提出一个常见且合理的问题：什么是特征，特征与数据有何区别？在机器学习领域，特征是指对象或实体可测量的属性，这些属性能够作为模型的输入信号，

> 供其学习数据中的模式。特征需要通过特征工程这一转换过程从原始数据中提取，而数据则是更为通用的术语，泛指所有的信息集合。

从系统架构层面来看，特征工程基础设施使数据科学家能够快速高效地开发具有业务相关性和高价值的特征，而无须应对底层工程复杂性，从而最大限度地缩短模型投产周期。

在 MLOps 技术栈中，每个基础设施组件都以其独特方式支持 ML 模型从概念到生产环境的快速落地。特征工程基础设施之所以具有特殊重要性，关键在于其输出产物（特征）不仅是机器学习项目的核心要素，更贯穿于机器学习开发全流程。特征既用于模型训练阶段，也应用于模型推理阶段，因此当企业扩展其机器学习项目规模时，正确设计和实现该组件就尤为重要。

为帮助数据科学家聚焦特征工程本质，特征工程基础设施通过提供完整的抽象层、工具链、自动化流程、存储方案等技术支持，将工程实现细节进行有效封装和自动化处理。特征工程基础设施的核心使命，正是实现两大关注点的解耦：其一是从多样化数据源中识别有价值特征的业务决策过程，其二是如何以工程化的方式实现这些特征的规模化、高效率、定期更新等生产级要求。

优势

当企业扩展生产级 ML 应用场景规模时，当多个团队将机器学习应用于不同业务问题时，或当机器学习评审讨论中频繁涉及特征复用主题时，特征工程基础设施的优势会愈发显著。

特征工程基础设施主要提供以下核心价值：

- 模型性能。针对在线机器学习应用场景，典型的训练—服务偏差问题可能导致模型性能显著下降，从而引发预测质量劣化、准确率降低，最终影响客户体验和业务成效。特征工程基础设施通过确保训练与推理阶段特征的一致性，可有效规避此类问题。
- 支持在线机器学习场景。个性化推荐、欺诈检测等在线机器学习场景要求特征在推理时具备低延迟获取能力和准实时时效性。特征工程基础设施能够可靠且高效地提供低延迟特征服务，助力组织在关键业务场景中充分发挥机器学习价值。

- 提效赋能。通过提供自动化特征工程所需的工具链和基础设施，显著降低特征创建、管理和维护的成本。这使得数据科学家能将精力聚焦于模型选择、调参优化和部署等高价值工作。

- 协同创新。采用"特征即代码"（feature as code）理念，数据科学家与工程师可跨团队协作开发特征，沉淀最佳实践，实现特征集在不同模型和项目之间的跨场景复用。

- 合规治理。通过集中化特征管理机制，为组织构建数据隐私安全、数据溯源追踪、版本控制等治理策略提供了标准化基础设施支撑。

> **注意** 训练—服务偏差
>
> 训练—服务偏差问题通常会在模型生产环节中显现，导致模型性能以非预期的方式下降。《机器学习规则》文档对此有清晰定义[1]：偏差特指模型在训练阶段与生产阶段的性能差异，造成这种差异的常见原因在于特征的计算或生成方式不同。通常，模型部署后的性能应保持原有水平或更优。

3.2 架构

优秀的特征工程基础设施应当满足数据科学家日常工作所需的核心功能，具体包括：现有特征的发现能力、新特征的创建能力、特征访问与生命周期管理能力、原始数据到特征的转换能力、特征新鲜度与质量监控能力，以及确保推理阶段低延迟稳定获取特征的能力。

从工程实现角度来看，特征工程架构包含以下核心组件：

- 特征目录：作为特征元数据存储库，支持特征发现与管理。

---

[1] "Rules of Machine Learning: Best Practices for ML Engineering," https://developers.google.com/machine-learning/guides/rules-of-ml

- 特征工程框架：提供特征转换与计算的标准化方法。
- 特征存储：中心化存储训练和推理所需的特征，并提供高效访问接口。
- 特征洞察与质量：实时监测特征使用情况及数据质量。
- 特征上传服务：选择性同步特征至在线特征存储。

图3.1展示了特征工程基础设施的整体架构。后文将深入解析"特征工程基础设施"架构图中的各项功能，首先讨论架构图中未明确体现的关键要素。

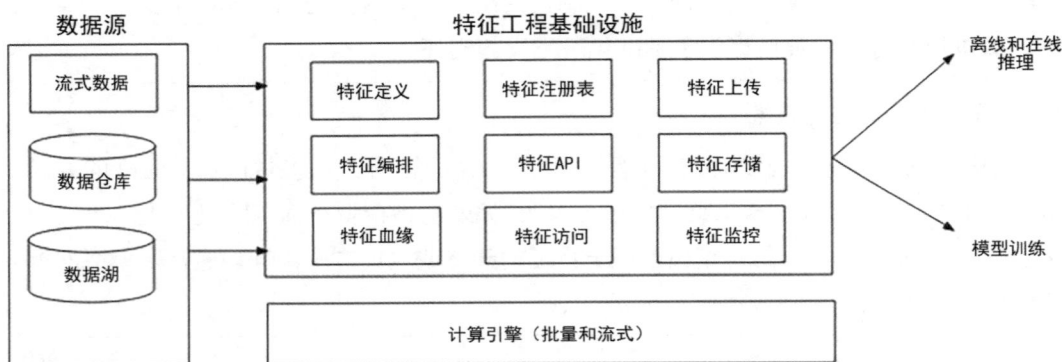

图 3.1　特征工程基础设施架构

企业集中式数据仓库和数据湖是特征工程的主要数据源。可靠的数据基础设施至关重要，需要确保数据源的实时更新与高质量维护。若缺乏此类基础设施，数据科学家将难以通过 ML 为组织创造价值，除非项目处于探索阶段且仅需小型静态数据集。

流式数据源使数据科学家能够利用实时用户行为信号和最新数据，在金融市场监控等场景中实现精准预测与快速响应。但实时特征支持的工程的复杂度呈指数级增长，通常达到其他数据源的数倍。建议在投入建设前充分评估实时特征的商业价值。

优良的数据基础设施往往提供易用的分布式计算引擎，同时支持批量和流式计算。这些引擎显著提升了特征计算与生成的效率，这也印证了现代特征工程基础设施对数据基础设施的高度依赖，后者常被视为专为机器学习优化的数据支撑体系。

"特征工程基础设施"架构图中的子模块构成了支持跨团队机器学习应用的理想架构。实际落地时，初期不必完全实现所有组件，ML 用例往往只需核心功能即可启动。

> **注意** 特征存储、特征工程基础设施、特征平台
>
> 在特征工程基础设施（又称特征平台）中，特征存储是核心组件之一，承担已计算特征的存储与供给功能。Feast（https://feast.dev/）是典型的开源特征存储解决方案。
>
> 特征工程基础设施是涵盖特征存储等组件的完整解决方案，实现对机器学习特征全生命周期（从开发到生产）的管理。

下文将解析各子组件的核心能力，并介绍行业与开源社区的常见实践方案。

3.2.1 特征规范与定义

在机器学习项目的初始阶段，数据科学家在使用 Pandas 或 Spark 等工具分析和可视化潜在特征数据后，通常会采用快速且非结构化的方式为 ML 模型创建特征。当需要将 ML 模型部署到生产环境时，这些用于训练模型的特征必须以可重复、一致的方式生成和持久化。这正是特征规范与定义发挥作用的关键环节。

特征规范为数据科学家和机器学习工程师提供了标准化的工作方式，用于明确定义特征、描述必要的转换逻辑，并指定流程编排细节。这些规范可以归纳到"元数据"这个更高层次的概念框架中。下文将详细探讨特征元数据的具体内容及其常见表达格式。

1. 特征元数据

特征元数据是自包含的结构化信息，旨在完整描述特征工程环节所需的所有要素，使人员和系统都能准确理解并进行逻辑处理。特征元数据通常包含三个逻辑组成部分，即特征元数据、转换元数据和规范元数据。其中，特征元数据包含数据源基础信息和特征存储位置等；转换元数据描述数据转换逻辑，如将时间戳转换为星期几、计算温度列均值等；规范元数据则用于记录运行环境配置和流程编排参数。

以下是特征元数据通常包含的要素：

- 数据源：生成特征的原始数据来源。涉及多表关联时可能包含多个源，常见来源包括数据仓库、数据湖，或者 Kafka 等流式数据源。

- 基础信息：实体、特征名称、数据类型、转换逻辑、时间范围。
  - 实体表示业务领域概念（如客户、商户），用于组织相关特征集合。作为一种分组机制，可将一组相关的特征组织在同一实体之下。
  - 每个特征具有全局唯一标识名称。
  - 每个特征具有明确的数据类型。
  - 转换逻辑，从基础数学运算到复杂聚合操作。
- 存储目标：计算完成后的持久化位置，包括数据仓库表、数据湖路径或 Kafka 主题。
- 特征描述：业务背景和使用场景说明。
- 作者信息：包含姓名和邮箱，便于问题追溯和业务咨询。
- 可能的规范信息：
  - 执行转换逻辑的计算引擎。
  - 特征更新频率（如每小时、每日等）。
  - 在线特征存储的数据新鲜度等级和更新周期。

需要说明的是，上述要素并未涵盖所有可能的情况。当前主流的特征工程解决方案（包括企业自建系统、开源框架和商业产品）都支持这些基本要素。由于具体业务场景、技术演进和用户偏好的差异，不同解决方案在术语定义和实现细节上可能存在细微差别。

各企业自建系统（如 Uber 的 Palette[①]、LinkedIn 的 Feathr[②]、Airbnb 的 Chronon、DoorDash 的 Fabricator[③]）和开源解决方案（如 Feast[④]）的特征元数据框架具有高度相似性，但在具体术语和概念表达上各有特点。

从机器学习开发生命周期的特征工程需求的角度来看，行业亟须建立统一的元数据标准规范。若能实现规范统一，将极大提升技术复用性并推动整个机器学习社区的发展。

---

① "Accelerating ML at Uber with Michelangelo Palette," Amit Nent, 2022，https://content.hopsworks.ai/hubfs/Feature%20Store%20Summit%202022/FS%20Summit%202022%20-%20Uber.pdf

② A scalable, unified data and AI engineering platform for enterprise," https://feathr-ai.github.io/feathr/

③ "Introducing Fabricator: A Declarative Feature Engineering Framework," Kunal Shah, 2022, https://doordash.engineering/2022/01/11/introducing-fabricator-adeclarative-feature-engineering-framework/

④ Feast – https://docs.feast.dev/

2. 特征元数据格式

特征工程基础设施团队有多种可选方案可供探索。通常在选择不同方案时，需要始终以核心用户需求为决策依据。随着时间推移，优秀的格式逐渐成为主流，存在缺陷的格式则被淘汰。若能形成统一的标准化格式，无疑将大幅提升工作效率。当前业界主要采用 YAML 格式和自定义 Python API 两种方式，二者各有优劣。

YAML（YAML Ain't Markup Language）是一种基于文本的可读数据序列化语言，广泛用于配置文件，其本质是支持版本控制的数据描述语言[①]。该格式凭借易用性、多功能性、可移植性和灵活性等特点备受青睐。例如，数据科学家可以使用 Sublime、Visual Code 或 vi 等常用文本编辑器轻松编写 YAML 文件。在实际应用中，数据科学家需要重点掌握特征元数据的定义模式（schema），该模式规定了文件的语法结构和合法字段，通常由特征工程基础设施的构建者设计。

Python 是数据科学领域的主流编程语言，近年来越来越多的特征工程方案选择其作为元数据描述工具也就不足为奇。

虽然 YAML 的入门门槛较低，但在错误排查方面，相比具备代码补全功能的 Python 编辑器，其反馈效率存在明显差距。Python 环境虽是必要前提，但考虑到数据科学家日常频繁使用该语言，这一要求已不构成显著障碍。

无论选择何种元数据格式，核心目标都是将数据科学家和 ML 从业者编写的特征工程产物代码化。这有助于引入代码审查、可复现性、CI/CD 集成等软件工程最佳实践。这种简洁高效的理念，正是提升 ML 研发效率的关键举措之一。

需要特别强调的是，特征元数据实现了职责分离，即数据科学家专注业务逻辑，基础设施团队负责封装工程复杂度。这种设计使得底层实现能够灵活演进，随时适配更优方案。

1）基于 YAML 的特征规范和定义案例

多家企业的内部方案采用 YAML 进行特征定义，典型案例包括 Snap 和 DoorDash。代码清单 3-1 展示了 Snap 的 Robusta 特征工程框架[②]，该框架通过优化推荐系统的特征提取流程，显著提升了机器学习迭代效率。

---

① YAML Specification, https://github.com/yaml/yaml-spec
② "Speed Up Feature Engineering for Recommendation Systems," September 2022, https://eng.snap.com/speed-up-feature-engineering

代码清单 3-1　Snap 公司的 Robusta 特征聚合适配案例

```
name: my_feature_spec
query:
  sql: > SELECT snap_view_spec > 1 as view_time_gt_1,
         snap_id, hour_of_day(event_timestamp),
         day_of_week(event_timestamp) = 'SUNDAY' as is_sunday
         ...
         FROM
           discovery_snap_view_data
         WHERE
           event_name = 'DISCOVERY_SNAP_VIEW'
features:
  base_name = discover_snap_total_viewed_Counts
  aggregation:
    count: {condition_columns: [view_time_gt_1]}
  group_by_selectors:
    snap_id: DOCUMENT_ID
    hour_of_day: HOUR_OF_DAY
  primary_select: DOCUMENT_ID
  window_to_ganularity:
    six_hours: five_minutes
    thirty_days: twelve_hours
```

在这段 YAML 代码中，有几个设计亮点值得关注：

- 查询（query）模块支持 SQL 转换逻辑，大幅降低数据科学家、ML 工程师等 SQL 熟练使用者的学习成本。
- 独立的特征聚合（aggregation）模块支持对同一 SQL 语句应用不同聚合键（aggregation key）。

DoorDash 的 Riviera 实时特征工程框架提供了另一个 YAML 应用范例[①]。如代码清单 3-2

---

① "Building Riviera: A Declarative Real-Time Feature Engineering Framework," 2021, https://doordash.engineering/2021/03/04/building-a-declarative-real-timefeature-engineering-framework/

所示，该案例演示如何通过 30 分钟长度、1 分钟滑动间隔的窗口，从流数据中实时计算门店的订单量特征。

代码清单 3-2　DoorDash 的实时特征聚合案例

```
source:
 - type: kafka
    kafka:
    cluster: ${ENVIRONMENT}
    topic: store_events
    schema:
    proto-class: "com.doordash.timeline_events.StoreEvent"

sinks:
 - name: feature-store-${ENVIRONMENT}
    redis-ttl: 1800

compute:
  sql: >-
    SELECT
    store_id as st,
    COUNT(*) as saf_sp_p30mi_order_count_avg
    FROM store_events
    WHERE has_order_confirmation_data
    GROUP BY
    HOP(_time, INTERVAL '1' MINUTES, INTERVAL '30' MINUTES),
    store_id
```

与 Robusta 类似，特征转换逻辑均通过 SQL 实现。尽管 SQL 是数据处理的标准语言，但需要考量不同方言的支持问题。如果正在构建的解决方案是内部方案，那么就不用担心了，商业产品则建议采用 API 方案以保持扩展性。

2）基于 Python 的特征定义范例

作为数据科学界的标准工具，Python 自然成为特征定义的重要载体。近年多个开源及商业方案都采用了 Python 定义方式。

LinkedIn 在 2022 年开源的 Feathr 是典型代表。该框架经过多年内部实践验证，成功支持搜索推荐、信息流排序、广告投放等多个机器学习场景[①]。如代码清单 3-3 所示，Feathr 通过 Python API 同时提供特征抽象定义和特征计算服务平台的双重功能。

代码清单 3-3 利用 Feathr 的 Python API 定义一组特征

```python
batch_source = HdfsSource(name="nycTaxiSource",
                path="<path>",
                event_timestamp_column="lpep_dropoff_dt",
                timestamp_format="yyyy-MM-dd HH:mm:ss")
f_trip_distance = Feature(
    name="f_trip_distance", feature_type=FLOAT,
    transform="trip_distance",
)
f_trip_time_duration = Feature(
    name="f_trip_time_duration", feature_type=FLOAT,
    transform="f_trip_time_duration",
)
features = [
    f_trip_distance,f_trip_time_duration,
    Feature(name="f_day_of_week", feature_type=INT32,
            transform="dayofweek(lpep_dropoff_datetime)"),
]
request_anchor = FeatureAnchor(name="request_features",
                                source=INPUT_CONTEXT,
                                features=features)
```

示例中的 Feature 类封装了特征名称、类型及转换逻辑等元数据，更多技术细节可参考官方文档（https://feathr-ai.github.io/feathr/concepts/feature-definition.html）。

Python API 的优势在于支持模块化特征设计，通过组合简单特征构建复杂管道。

---

① David Stein, "Open sourcing Feathr-LinkedIn's feature store for productive machine learning," 2022, https://engineering.link edin.com/blog/2022/open-sourcing-feathr---linkedin-s-feature-store-for-productive-m

另一主流开源方案 Feast 采用了相似设计。如代码清单 3-4 所示，通过 Field 类定义单个特征，利用 FeatureView 类组织特征集合。这种类抽象方式与 Feathr 异曲同工。

代码清单 3-4 利用 Feast 的 Python API 定义一组特征

```
driver = Entity(name="driver", join_keys=["driver_id"])
driver_stats_fv = FeatureView(
    name="driver_activity",
    entities=[driver],
    schema=[
        Field(name="trips_today", dtype=Int64),
        Field(name="rating", dtype=Float32),
    ],
    source=BigQuerySource(
        table="feast-oss.demo_data.driver_activity"
    )
)
```

在 Feast 中，每个特征都是使用一个名为 Field 的类定义的，而一组相关的特征则在逻辑上组合在 FeatureView 类的实例中。

以上示例旨在说明用于特征定义的两种常见格式。

特征格式只是一种达到目的的手段。特征规范和定义的最终目标是让数据科学家能够以一致且标准的方式轻松、快速地进行特征工程。无论选择何种格式，我们都可以轻松地将特征规范和定义当作代码来处理。因此，我们能够轻松地从 DevOps 的最佳实践中获益，比如版本控制、代码审查、可复现性等。

特征规范和定义带来的另一个重要好处是，在离线和在线特征服务过程中能够保持一致性，因为特征转换逻辑只需在一个集中的地方定义一次。

一旦确定了特征规范和定义，接下来会发生什么呢？

3.2.2 特征注册表

当特征规范与定义通过代码评审并提交至 GitHub 等版本控制系统后，相关特征的详细信息和元数据会被编译为内部格式，持久化存储至特征注册表（feature registry）。

该注册表作为组织或团队的特征中央目录，其核心价值在于帮助数据科学家和机器学习从业者实现特征的搜索、发现与协作。此外，它还提供特征血缘追踪、访问控制等高级功能。通过特征的可发现性机制，系统能间接促进特征复用率的提升。

当数据科学家加入新团队、启动机器学习项目或优化现有模型时，首要任务往往是了解生产环境中已投入使用的特征。从技术架构看，特征注册表通常采用基于 Web 的三层架构（如图 3.2 所示）。后端充当着基于 SQL 的特征规范存储库，网页应用实现特征的增删改查（CRUD）操作，用户界面（UI）提供可视化管理和控制功能。

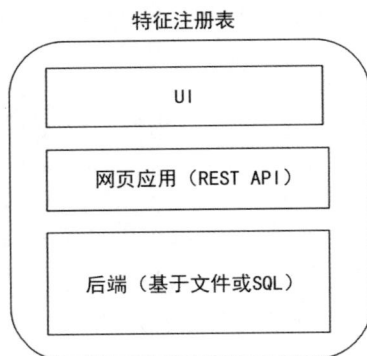

图 3.2　特征注册表组件

3.2.3　特征编排

特征规范定义了机器学习需求的目标层，包括数据源选择、特征生成规则及数据转换逻辑。

在底层工程架构中，这些规范将被转化为执行层，即通过特征编排器（feature orchestrator）将特征定义转换为按计划运行的特征管道。

技术实现上，特征编排系统（如 AirFlow、Dagster 等）会将特征管道构建为有向无环图（DAG）结构，调度和执行包含数据管道和特征处理作业的复合任务。

完成处理的特征数据最终会发布至特征存储（feature store）。

关键考量如下：

- 数据回填支持：模型迭代时新增特征常需进行历史数据回填。选择编排工具时应重点考察其回填功能支持度。

> **注意**
>
> 数据回填指对历史数据集进行追溯更新，当数据集结构优化后，需重新处理历史数据以保证全量数据的一致性和准确性。

3.2.4　特征存储

特征工程基础设施的关键组件之一是特征存储，负责存储和提供用于模型训练和模型推理的特征，如图 3.1 右侧部分所示。

特征生成步骤的输出是一组特征值。在机器学习项目的探索阶段，特征值的总体规模可能较小，并且通常会具体化或持久化，存储在数据科学家的笔记本电脑中。在模型训练和生产化步骤中，特征值会持久化存储在特征存储中。

在模型训练阶段，特征值是根据数月或数年的数据计算得出的，具体取决于用例的需求。离线特征存储就是为满足这一需求而设计的。

对于在线推理用例，在模型推理时需要特征值，这就是在线特征存储发挥作用的地方。

1. 离线特征存储

离线特征存储在模型训练和评估阶段至关重要。离线特征存储通过构建集中化、可扩展的特征存储库，支持数据科学家高效存取大量计算特征，这些特征可被多个 ML 模型复用。

离线特征存储系统通常构建在数据仓库或数据湖之上，底层采用 S3、Snowflake、Redshift 或 BigQuery 等分布式存储系统。对于特征值数据量达到 TB 级别的 ML 场景而言，由于数据湖能够使用各种分布式计算引擎以分布式方式访问数据，所以数据湖是更优的选择。

对于像推荐系统或个性化定制这类需要大量特征来进行训练的大型 ML 场景，数据湖的这种能力和灵活性有助于将训练时间从数天缩短至数小时。

关键考量如下：

● 采用现代数据基础设施的最佳实践：使用二进制数据格式、合理的数据分区策略和数据保留策略。

● 将离线特征存储与中央数据湖就近部署，最大限度减少数据传输以降低成本。

2. 在线特征存储

随着机器学习在在线服务中的应用普及（如商品推荐、个性化浏览、实时反欺诈），在线特征存储需满足两大核心需求：毫秒级延迟和超高吞吐量。

此类存储通常采用 Redis、Cassandra 或 DynamoDB 等分布式键值存储系统实现。

关键考量如下：

● 内存型键值存储（如 Redis）成本较高，需预先设计高效的特征存储方案。

● 特征更新操作需保证在线推理服务的低延迟特性。

● 对延迟容忍度较高（≥25ms）的场景，可采用基于磁盘的存储方案降低成本。

3.2.5　特征上传

对于需要在线特征存储且特征数据量庞大的 ML 应用场景，构建或采用高效智能的特征上传工具，将特征值上传至在线特征存储是必要的基础设施。

关键考量如下：

● 时间效率：面对海量特征值时，上传工具必须具备并行处理能力。

● 更新策略：不同特征集需要差异化的更新频率（如分钟级更新与小时级更新），工具需支持灵活配置。

● 运维质量：在线预测场景中，特征时效性直接影响模型效果。优秀的上传工具应提供精细化的监控指标，包括特征值更新时效性统计、各特征集的上传成功率等。

3.2.6　特征服务

松耦合是公认的良好软件工程实践。特征服务组件通常被设计为独立服务，通过 API 端点提供在线特征查询能力，同时封装底层存储实现细节。这样一来，当引入更高效、更快速的解决方案或者支持多种存储解决方案时，就不会对在线特征的使用者造成重大干扰。

这种设计具有以下优势：

- 支持在服务层进行特征计算（如实时特征拼接）与转换（如标准化处理）。
- 当需要升级存储方案（如切换为性能更强的向量数据库）或支持混合存储架构时，可避免对上游特征消费者造成服务中断。
- 通过抽象服务接口，支持同时对接多个特征存储引擎。

3.2.7　监控体系

一旦模型投入使用，在进入下一次迭代之前，模型本身不会发生变化。不断变化的部分是基于新数据每日或每周生成的特征。

在特征工程过程中所需的监控大致可分为两个方面：特征质量和特征管道操作。

特征质量主要涉及特征分布的变化以及特征值。

- 在模型训练阶段，模型是使用具有特定分布的训练特征集进行训练的。如果在线预测使用的是具有不同分布的相同特征集，那么模型的性能就会下降。因此，在特征生成过程中监控其分布的变化至关重要。
- 特征值通常是根据一个或多个上游数据源计算得出的，这些数据源可能归一个或多个团队所有。当有意或无意的数据相关变更导致出现特征质量问题（如缺失值、异常值或不一致性）时，将直接影响模型的性能。

特征管道操作主要涉及操作方面，且更多地与软件工程相关。在这一领域所需的监控是为了确保特征管道的健康运行，包括它们是否能够成功、按时完成，以及在资源使用方面的效率等。

总体而言，监控在确保模型投入生产后能持续按预期运行方面发挥着重要作用，它能够快速检测潜在的特征质量问题或特征操作方面的问题，并尽早加以解决。数据科学家花在调试因特征问题导致的模型性能下降上的时间越少，他们就有更多时间用于开发和测试现有模型或新模型。

3.3 自建与采购

如前所述，特征工程基础设施在整个 MLOps 基础设施中扮演着至关重要的角色，可帮助实现 ML 模型的运营化。对于希望扩展 ML 项目的企业，正确实施该基础设施势在必行。一个经常出现的问题是选择自建还是购买。与其他技术采用的决策类似，这并没有单一且简单的答案，需要综合考虑多个因素才能做出重要决策。以下各节将探讨关键考量因素及其权衡关系。

3.3.1 重要考量因素

在制订自建与购买决策之前，最佳实践是明确调研并识别组织需求，就预期获得的效益达成共识。根据具体需求，效益可能略有不同，但采用特征工程基础设施的共同优势包括：

- 模型准确性：业界共识表明，特征质量和新鲜度对生产环境中的模型准确性具有直接影响。此外，在离线训练和在线服务中保持特征一致性，将大幅降低训练与服务偏差。
- 团队协作：MLOps 本质是团队协作，特征工程基础设施通过特征复用、将特征规范定义为代码等能力，促进数据科学家、机器学习工程师与数据工程师之间的协作，使评审和迭代流程更加高效。
- 实时特征赋能在线机器学习：对于缺乏完善数据基础设施的组织，通过流处理生成和维护实时特征存在诸多挑战。健全的特征工程基础设施能有效克服这些障碍。

由于各组织的需求、目标和战略视角存在差异，重要因素的优先级也不尽相同。以下列出的通用考量因素，各组织须根据自身情况确定权重：

- 上市时效：自建特征工程基础设施需要投入大量时间、人力和工程资源已是行业常识。若因业务需求需快速部署 ML 模型，采用商业解决方案更为可行。
- 成本：与多数软件项目类似，人力成本是主要支出。若机器学习属于企业核心竞争优势或战略布局，自建方案的成本投入更具合理性；否则建议优先考虑采购现有解决方案。
- 定制集成：每个组织都有独特的数据基础设施、CI/CD 管道和其他系统。当需要深度定制时，自建方案能实现更无缝的集成。
- 运维支持：无论选择自建还是采购方案，系统维护、版本升级和技术支持都是必要组成部分。商业方案通常提供专业支持服务，而自建方案则需要内部团队承担相关责任。

3.3.2　自建方案分析

2015 年前成立的互联网公司（如 LinkedIn、AirBnb、Twitter、Uber、Meta 等）普遍选择自建特征工程平台。当时开源方案和商业产品尚未成熟，决策相对简单直接。

这些先行者的共同特征是：大规模业务运营、机器学习深度集成于在线产品、主要用例依赖实时特征、具备完善的数据基础设施。

鉴于在特征工程基础设施领域存在各种创新以及开源解决方案可供使用，如果一个组织决定构建自己的解决方案，考虑采用"先采用后自建"的策略是明智的。

在 MLOps 实施曲线的当前阶段，很难证明从零开始构建特征工程基础设施这一决策的合理性。更明智且更容易被接受的方法是"先采用后自建"的选择。这意味着选择一种可用的开源解决方案作为起点，并用内部解决方案对其进行补充，以满足特定需求或填补空白。

现有成熟开源方案（截至本书撰写时）包括 Feathr[①]、Feast[②]、Hopsworks[③]。

---

① "Feathr: A scalable, unified data and AI engineering platform for enterprise," https://github.com/feathr-ai/feathr
② "Feast: Feature Store for Machine Learning," https://feast.dev/
③ "Hopsworks: A data platform for ML with a Python-centric Feature Store and MLOps capabilities," https://docs.hopsworks.ai/latest/

3.3.3 采购方案评估

当前市场已存在多个商业解决方案，主要来自 AWS、Google Cloud 等云服务商，以及 Tecton、Databricks 等专业供应商。

鉴于供应商都非常积极地想要参与 MLOps 建设，以最小的精力去寻找和评估解决方案的能力就变得稍微轻松和快速一些。用户应该花大量精力评估供应商的解决方案，以及这些方案如何最能满足企业在特征工程基础设施领域的需求。评估商业方案时建议重点关注：

- 避免供应商绑定：优先选择基于开源方案构建的商业产品，保留技术自主性。
- 渐进式采用：通过小范围试点验证方案成熟度和 ROI，再逐步扩展。
- 成本结构：明确 API 调用量、存储规模等计费维度，建立成本预估模型。
- 技术支持：评估不同级别的可用支持，找出最符合企业需求的那一项。例如，确认服务级别协议是否满足紧急响应需求。
- 合规认证：顶级供应商通常能够满足企业的大多数（即便不是全部）安全和隐私合规要求。仔细核查是很重要的，尤其是在使用来自小型或新兴初创企业的解决方案时。

3.4 组织性挑战

至此，我们已围绕特征工程基础设施的技术解决方案进行了全面探讨。根据论文《构建 ML 软件的社会技术反模式》[①]，在机器学习开发生命周期的特征工程阶段，还存在制约效率与成效的组织性挑战。

[①] Alina Mailach, Norbert Siegmund, "Socio-Technical Anti-Patterns in Building ML-Enable Software," 2023, https://sws.informatik.uni-leipzig.de/wp-content/uploads/2023/01/socio-technical-anti-patterns-icse2023.pdf

3.4.1 数据可用性

当前可以明确的是，数据是应用机器学习实现业务目标的核心要素。当机器学习所需数据获取受限或完整性不足时，将直接削弱模型效果并导致项目失败。

数据生产方与消费方的领导者需要协同工作，围绕组织的机器学习战略达成高层目标共识，共同建立可靠、高质量的数据集中化管理机制。建议采取以下基础措施：

- 认知对齐：数据生产方与消费方通常分属不同部门，生产方可能并不清楚数据的最终用途。消费方应主动沟通数据价值。
- 集中存储：随着机器学习项目规模扩大，亟须建立统一的数据采集策略，将企业内部多源数据可靠地归集至数据湖或数据仓库等中央存储。

3.4.2 数据治理

行业实践表明，生产环境中约 80% 的 ML 模型效能低下，其根本原因可追溯至数据质量问题，包括数据完整性缺失、时效性不足、字段值异常等。

随着 ML 项目的规模化部署，必须通过强化数据治理来控制系统性风险。重点确保用于模型训练和服务的数据质量达标，并建立快速的问题检测与修复机制。

数据治理体系包含多个维度，其中与机器学习强相关的要素包括：

- 质量验证：在数据管道中实施自动化质量检查，仅允许通过验证的数据集进入生产环节。
- 血缘追踪：记录特征数据的具体来源，当发生数据结构变更（如字段类型从文本改为数值）时，可快速定位影响范围。
- 权责划分：为关键数据集明确责任人，确保数据问题出现时能及时对接处理。

3.5　案例研究

前文已详细阐述了特征工程基础设施的优势，描述了其整体架构，并深入解析了各个组件的技术细节。本章最后将分别评估三类主流解决方案：企业开源、自建及厂商解决方案。每个方案都具备丰富的功能特性，本节重点从宏观维度对比其能力架构，并在适当场景下指出各方案的优势与局限性。

3.5.1　开源

特征工程基础设施领域的纯开源解决方案较为稀缺。目前较为活跃且广受关注的项目是 Feast（https://docs.feast.dev/），其名称源自"feature store"（特征存储）的前缀组合。

1. 概览

在特征工程基础设施体系中，Feast 主要承担特征存储组件的核心功能。该项目定位为"可定制的运营数据系统，通过复用现有基础设施实现机器学习特征的统一管理与实时模型推理"[①]。

Feast 实现了三个设计目标：

- 训练与推理间的特征一致性：提供标准化工具与抽象接口，统一管理离线特征仓库与在线特征服务的访问。
- 规避数据泄露风险：通过时点准确性保障机制，确保训练过程中不会出现未来时间窗的特征值泄露。
- 基础设施解耦：构建统一接入层，抽象化底层存储引擎的差异，实现训练/推理特征存储的透明化管理。

---

① "Feast Introduction," https://docs.feast.dev/

图 3.3 展示了 Feast 在特征工程基础设施中的定位，其核心功能模块由架构图中的三个核心组件构成。后续"架构"小节将具体阐述各模块的功能。

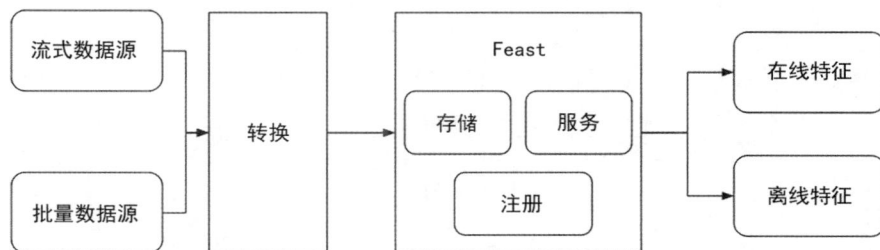

图 3.3　Feast 特征存储架构

作为开源项目，Feast 持续进行社区驱动的迭代优化。但在技术选型时需特别注意以下特性：

- Feast 仅接受已完成特征转换的数据输入，不提供特征工程处理能力。
- Feast 内置基础特征发现功能，支持通过插件机制集成 DataHub、Amundsen 等主流数据目录系统。
- 当前版本仅支持结构化表格数据，暂未覆盖非结构化数据的机器学习场景。

2. 概念

在使用任何基础设施、工具或平台时，我们需要完成的首要任务之一就是学习并理解其核心概念，这些概念是系统提供的抽象定义，用于指导用户进行功能的定义、使用和交互操作。

Feast 中的概念采用三层级结构。最底层包含数据源、字段和实体，具体定义如下：

- 数据源：指数据实际存储的底层系统，主要包含批量数据源（如 BigQuery、Snowflake 和 RedShift）和流式数据源（如 Kafka 和 Kinesis）。
- 字段：即机器学习中的特征，指可单独测量的属性指标。
- 实体：用于组织语义相关特征的容器，通常对应业务场景中的领域对象。

第二层级包含特征视图，视图将来自同一数据源的特征进行逻辑分组，这些特征可能归属于一个或多个实体。

第三层级的项目作为顶级命名空间，用于管理多个特征视图。

3. 架构

Feast 是特征工程基础设施中的重要组件，是专业的特征存储解决方案。其架构设计简洁明了，主要构成如图 3.4 所示。

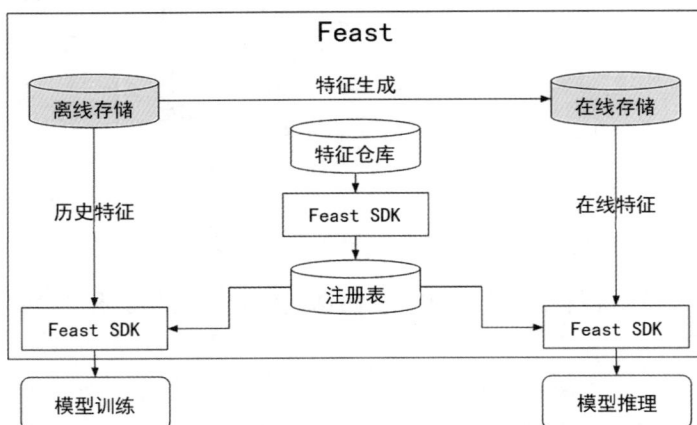

图 3.4　Feast 架构

Feast 架构的核心组件是 Feast SDK，为以下关键功能提供抽象层：

● 元数据转换：将用户定义的数据源、实体和特征元数据转换为内部表示，并存储于注册表。注册表支持多种存储引擎，包括 MySQL 和 Postgres 等。

● 特征物化：从离线存储或 Kafka/Kinesis 等流式数据源获取数据，将特征上传至在线存储。

● 历史特征检索：从离线存储中获取具有时间点准确性的历史特征，用于模型训练。

● 实时特征获取：在模型推理阶段从在线存储中提取最新特征。

需要特别说明的是，架构图中未明确展示的 Feast 可插拔设计支持多项重要操作，包括数据物化、存储引擎升级、流式数据摄入作业启动，以及离线/在线存储的特征获取。这种扩展性设计使得 Feast 能够便捷地与企业内部基础设施集成。

Feast 原生支持并通过开源社区贡献扩展了多种主流数据源、离线存储和在线存储，如表 3.1 所示。完整支持列表可参考 https://docs.feast.dev/roadmap。

表 3.1　Feast 支持的数据源、离线存储与在线存储

数据源	离线存储	在线存储
Snowflake、Redshift、BigQuery、Azure Synapse、SQL、Parquet、Hive、Postgres、Spark	Snowflake、Redshift、BigQuery、Azure Synapse+SQL、Postgres、Trino	Snowflake、DynamoDB、Redis、Datastore、Bigtable、SQLite、Azure Cache、Cassandra、Postgres

4. 评估

在开源社区的贡献下，Feast 将逐步发展成更完整的特征存储解决方案。以下是笔者基于观察总结的优势与机遇。

1）优势

● 通过 Python API 和可插拔存储引擎的注册表，为特征定义提供了合理的基础抽象。

● 内置对带时间戳的表格数据的支持，并能通过时间点连接（point-in-time joins）复现历史时刻的特征状态。

● 通过可扩展的批量物化引擎，实现从离线存储到在线存储的特征上传抽象。

● Feast SDK 为模型训练和服务提供了基础特征获取能力。

● https://docs.feast.dev 提供了包含教程的完整文档。

2）改进空间

● 开箱即用的数据质量功能有限，但即将推出基于用户定制规则的数据质量监控。

● 实时特征转换与接入较为复杂，期待社区通用解决方案。

特征存储是 ML 模型生产化（特别是规模化部署）的普遍需求。Feast 有望成为该领域的开源标杆项目，如同 Apache Spark 之于分布式计算。推荐访问 https://feast.dev 获取学习资源。

3.5.2　自建

AirBnb、LinkedIn、Uber、Meta、Twitter 等公司分享了大量自建特征存储方案。年度特征存储峰会①是主要交流平台。由于设计方案、源代码以及示例的可获取性有限，要对这些

---

① Feature Store Summit, www.featurestoresummit.com

内部解决方案进行详细的研究和探索是具有挑战性的。不过，2022 年 4 月，LinkedIn 在 Apache 2.0 协议下开源了 Feathr[①]，该项目已加入 LF AI & Data 基金会[②]。

Feathr 开源对社区是个非常令人兴奋的消息，因为 Feathr 旨在满足简化机器学习特征管理方面的常见需求，并且 Feathr 已通过在 LinkedIn 的搜索、推荐、广告等复杂场景中的 6 年实战检验，管理着 PB 级特征数据。

据官方博客[③]，Feathr 使特征迭代周期从数周缩短至数天，处理效率提升 50%。

下文将深入解析 Feathr 的架构。

1. 概览

在 Feathr 出现前，LinkedIn 的数据基础设施团队开发了各种内部工具和库，以维护特征管道。随着特征管道的复杂程度不断增加，维护工作的难度也随之加大，这就减少了这些团队能够专注于更具高价值的机器学习相关任务的时间。由于缺乏标准化和集中管理，特征复用并非易事。因此，要在相似的项目中复用特征是颇具挑战性的。

Feathr 提供了一个抽象层，用于对机器学习工作流程中的特征定义、转换、服务、存储以及访问进行标准化和简化，如图 3.5 所示。我们从参与特征工程的两种典型角色（即生产者和消费者）的角度，探讨一下抽象概念。

1）生产者

生产者负责特征的定义、生成与入库：

● 使用 Python API 基于原始/预处理数据定义特征。

● 利用内置转换、聚合、时间窗口处理多维特征。

● 通过特征派生机制组合现有特征。

2）消费者

消费者主要负责使用已注册的特征，用于模型训练或模型推理，同时由 Feathr 自动处理特征供给的底层实现细节。

---

① David Stein, "Open sourcing Feathr‐LinkedIn's feature store for productive machine learning," 2022, https://engineering.linkedin.com/blog/2022/open-sourcing-feathr---linkedin-s-feature-store-for-productive-m

② LF AI & Data, https://lfaidata.foundation/

③ "Hangfei Lin," "Feathr joins LF AI & Data Foundation," 2022, https://engineering.linkedin.com/blog/2022/feathr-joins-lf-ai-data-foundation

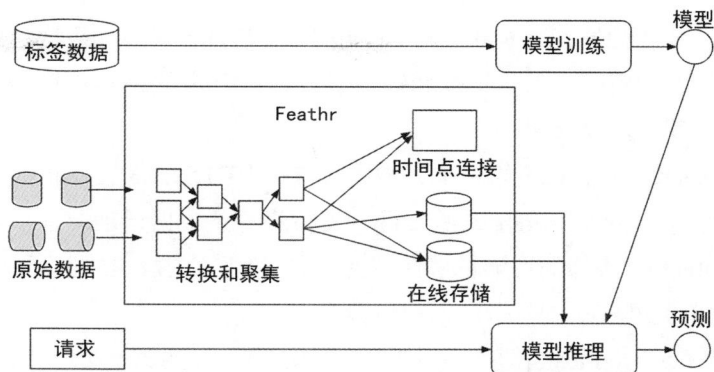

图 3.5　Feathr 架构设计（改编自架构概览[①]）

- 根据特征名称和连接键计算并获取历史特征值，并确保这些操作在时间维度上的正确性。
- 在模型推理阶段，将特征物化到在线存储，确保在线推理时可实时获取。

Feathr 具备以下核心优势：

- 丰富的类型系统：除标准表格数据类型外，还支持嵌入向量（embedding）和张量（tensor）等复杂类型。
- 支持复杂转换：内置高性能运算符，支持时间窗口聚合、滑动窗口连接等操作，且保证时间维度的准确性。
- 可扩展优化机制：原生集成布隆过滤器（bloom filter）、加盐连接（salted join）等优化技术，配备连接计划优化器。
- 特征共享体系：通过特征注册表实现特征发现，支持基于现有特征创建衍生特征。

值得注意的是，微软 Azure 团队持续为 Feathr 开源项目提供改进和技术支持，特别是优化了与 Azure 等云服务商的集成体验。

2. 概念

功能抽象建立在 Feathr 定义的核心概念体系之上。不同特征存储系统的核心概念集相

---

① David Stein, "Open sourcing Feathr - LinkedIn's feature store for productive machine learning," 2022, https://engineering. linkedin.com/blog/2022/open-sourcing-feathr---linkedin-sfeature-store-for-productive-m

似，但命名会因设计者背景有所差异。与 Feast 类似，Feathr 采用三级概念层次。

基础层由数据源、特征、派生特征和锚点组成，它们的元数据将由特征注册表进行管理。以下是对每一项的简要说明：

- 数据源（source）：特征提取的原始数据，支持 HDFS、S3、Azure Storage Blog 等分布式存储，以及 Kafka 等流式数据源。支持为每条数据记录配置预处理逻辑。
- 特征（feature）：实体的可测量属性，包含唯一名称、键、数据类型和特征值生成逻辑（从简单类型转换到复杂时间窗口聚合）。
- 衍生特征（derived feature）：通过对现有特征施加转换逻辑实现特征复用。
- 锚点（anchor）：将同源特征进行逻辑分组。

第二层只有一个概念，即特征查询，旨在供特征使用者用于探索、分析或模型训练等目的。这一概念使特征使用者能够选择一组特征，以便从指定的数据集中检索其特征值，在 Feathr 中，该数据集称为观测数据。

第三层包含一个名为"项目"的单一概念，表示用于管理一个或多个特征的顶级命名空间。这是管理属于特定机器学习用例、团队或组织的特征的一种方式。

3. 架构

作为特征存储平台，Feathr 在组件数量、功能定位和数据流向上与 Feast 的架构高度相似，具体如图 3.6 所示。

但是，图 3.6 中未明确体现的几个重要差异值得特别关注。

Feathr 的核心特色在于支持特征访问/生成阶段（即特征具体化）的大规模特征转换。该能力的基础是对特征转换逻辑的原生支持——这些逻辑可以直接嵌入特征定义，从而实现逻辑复现、版本控制，并通过提升特征计算过程的透明度来促进特征复用。与之配套的是各类高性能内置运算符，能够高效处理时点连接、时间窗口滑动聚合等复杂转换操作。这项功能显著提升了效率，LinkedIn 的数据科学家借此将特征投产时间从数周缩短至数小时，而传统方式下，数据科学家需要耗费大量时间进行数据清洗和复杂连接优化。

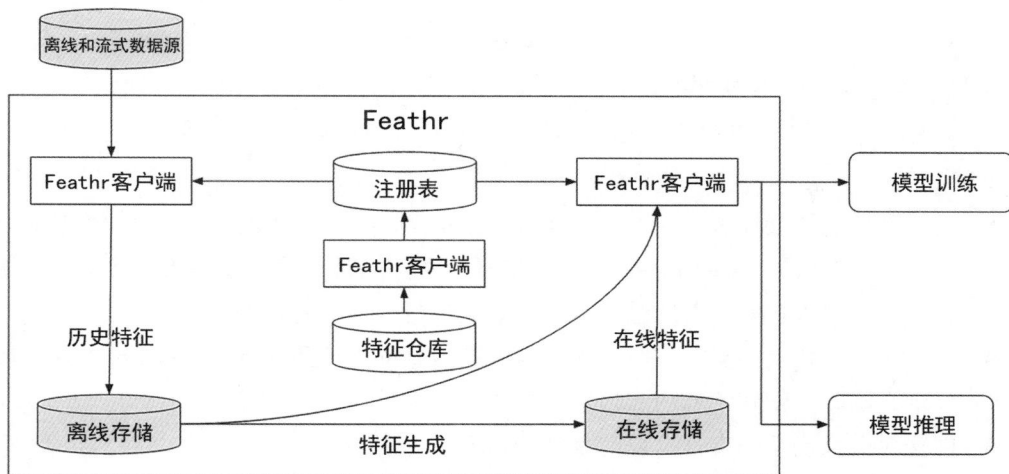

图 3.6 Feathr 架构（改编自 GitHub 上的 Feathr 文档[①]）

  Feathr 团队的关键架构决策是采用 Spark 引擎作为特征生成和聚合的计算核心，这一选择有效满足了系统对灵活性和可扩展性的要求。

  在数据源兼容性方面，Feathr 支持主流离线/在线存储方案，但对 Azure 生态有较强倾向性，详细支持情况见表 3.2。

表 3.2 Feathr 支持的数据源及存储系统[②]

数据源	离线存储	在线存储
Snowflake、Azure SQL DB、Azure SQL、AWS S3、Delta Lake	Snowflake、Azure SQL DB、Azure SQL、AWS S3、Azure Blob Storage、Azure ADLS Gen2、MySQL、SQL Server	Redis、Azure Cosmos DB

4. 评估

  尽管 Feathr 主要由 LinkedIn 开发，并于 2022 年成为开源项目，但其能力和特性相当令人印象深刻。Feathr 不仅满足所有标准的特征存储需求，而且还有更多优势。从成熟度方面来看，Feathr 已经在 LinkedIn 经过了 6 年的实际应用考验，并在生产环境中为数千个特征

① "Feathr Registry and Feathr UI," https://feathr-ai.github.io/feathr/concepts/featureregistry.html

② "Feathr Cloud Integration," https://github.com/feathr-ai/feathr#cloud-integrations

提供服务。

微软 Azure 团队和 LinkedIn 团队一直在紧密合作，以实现 Feathr 与 Azure 之间的原生集成。这意味着，随着 Azure 客户对其采用率的提高，Feathr 只会变得更好、更成熟。

1）优势

- 功能完备的特征存储解决方案，具备特征定义、特征注册表、用户界面和软件开发工具包（SDK），可用于特征生成、特征服务，同时支持离线和在线操作。
- 原生支持嵌入功能，并通过对派生特征的支持来促进特征的复用。
- 内置对特征转换的支持，拥有大量的内置运算符，并且可通过来自 Spark SQL 的用户定义函数（UDF）或用户自定义的函数实现扩展。
- 内置对端点连接的支持，以防止特征泄露。
- 与 Spark 计算引擎原生集成，实现可扩展的特征生成和连接优化。
- 通过与微软 Purview 集成，为特征注册表提供基于角色的访问权限。
- 拥有相当不错的特征管理用户界面，其中包含特征沿袭功能。
- 在 https://feathr-ai.github.io/feathr/ 上有完善的文档，包括教程和操作指南。

2）改进空间

- 暂未集成数据质量检测功能。
- 特征监控支持尚在开发中。

Feathr 的市场前景和社区生态仍有待时间验证。值得关注的是，LinkedIn 和微软管理层已在 2022 年底共同推动 Feathr 加入 Linux 基金会的 AI & Data，作为沙盒项目①，彰显了其对开源的承诺。从功能完备性来看，相较于其他开源方案，Feathr 当前提供的功能集已展现出显著优势。

3.5.3　厂商解决方案

2022 年是特征存储的元年。特征工程基础设施领域的需求与挑战已形成行业共识，因

---

① "Erin Thacker," "Feathr Joins LF AI & Data as New Sandbox Project," 2022, https://lfaidata.foundation/blog/2022/09/12/feathr-joins-lf-ai-data-as-new-sandbox-project/

此云厂商和云原生厂商在该年度密集推出相关解决方案。

具有代表性的解决方案包括 Vertex AI 特征存储、Sagemaker 特征存储、Databricks 特征存储，以及 Tecton 特征平台。这些方案几乎都满足特征存储的核心需求：

- 通过特征元数据与注册中心实现特征复用与发现。
- 离线/在线双存储支持，确保一致性并消除训练—服务偏差。
- 时间点特征检索。
- 特征血缘追踪。
- 特征监控。

在这些方案中，Tecton 创新性地将产品定位为特征平台，与本章讨论的特征工程基础设施理念最为契合。本节将深入解析 Tecton 特征平台的技术细节。

1. 概览

Tecton 由 Uber Michelangelo 机器学习平台的核心构建团队创立。该平台曾支撑 Uber 在生产环境部署了数千个模型，成功应用于实时定价、预计到达时间预测、欺诈检测等出行共享与市场相关场景。其成功的关键要素之一就是特征存储系统，实现了生产环境中特征的高效创建与可靠供给。

Tecton 于 2020 年推出首款商业化特征存储产品，经过持续演进已发展为功能完备的特征平台，提供从特征转换到在线服务的全生命周期管理能力，并具备企业级功能特性。

需要说明的是，本节内容并非为 Tecton 产品背书，而是通过该案例阐释理想特征工程基础设施应具备的核心能力。

2. 概念

Tecton 特征平台的概念层级与其他特征存储方案高度相似，体现了行业共识。

基础层包含四大核心概念：

- 数据源：定义原始数据来源，支持批量（S3 文件、Hive 表、Redshift/Snowflake 查询）与流式（Kafka、Kinesis）两种类型。
- 实体：表征具有主键的领域对象（如客户、商品、订单）。
- 特征视图：核心抽象单元，通过 Python 代码定义基于数据源或其他特征视图的特征集合，配置持久化策略（调度机制、存储目标等）。

- 特征表：支持预转换特征的批量导入。

第二层只有一个概念，即特征服务。特征服务是为特征使用者设计的，用于在模型训练或离线预测期间对特征值进行批量查找，或者在在线预测期间对单个特征集进行低延迟请求等目的。一个特征服务会引用来自一个或多个特征视图的一组特征。顾名思义，特征服务在实际服务背后提供了一系列功能，这些功能包括：

- 提供 REST 端点，用于预测时的特征值获取。
- 通过单行代码，调用快速构建带时间戳的标注训练数据集。
- 持续记录在线请求与特征向量响应，支持审计分析及训练数据生成。

最佳实践是为每个生产环境模型单独配置特征服务，实现特征供给的精准管控。

第三层只包含一个概念，即工作区（workspace），用于管理各种基础层和第二层概念的顶级命名空间。所有与特征定义、物化（materialization）、特征访问等相关的操作都需要先选择要操作的工作区。这类似于操作数据库表、表模式和相关数据前需要先选择数据库的概念。

3. 架构

根据 Tecton 文档[①]，Tecton 是全托管式特征平台，能够编排从转换到在线服务的完整特征生命周期，并提供企业级服务等级协议。特征平台与特征存储的关键区别在于，前者能够协调现有数据基础设施，持续转换、存储和服务数据，以支持生产环境中的机器学习应用。如图 3.7 所示的架构，与之前提到的解决方案并没有本质差异。

Tecton 特征平台在设计上并不取代现有数据基础设施，而是通过集成成熟的批量和流式数据源，利用行业标准计算引擎，并支持广泛采用的存储方案，使这些基础设施能够有效支持生产环境中的机器学习应用。该平台主要包含三个核心组件：

- 特征仓库：特征生产者使用 Python 文件中的声明式接口定义特征规范及元数据。除名称、描述和转换逻辑等基本信息外，还可配置特征计算频率。特征定义完成后即存入中央仓库，供团队发现和复用。
- 特征引擎：负责编排特征管道以实现特征值物化，并将结果发布至特征存储。同时对接底层计算引擎（如 Spark、Flink），执行特征转换逻辑。

---

① "What is Tecton?"，https://docs.tecton.ai/docs/introduction

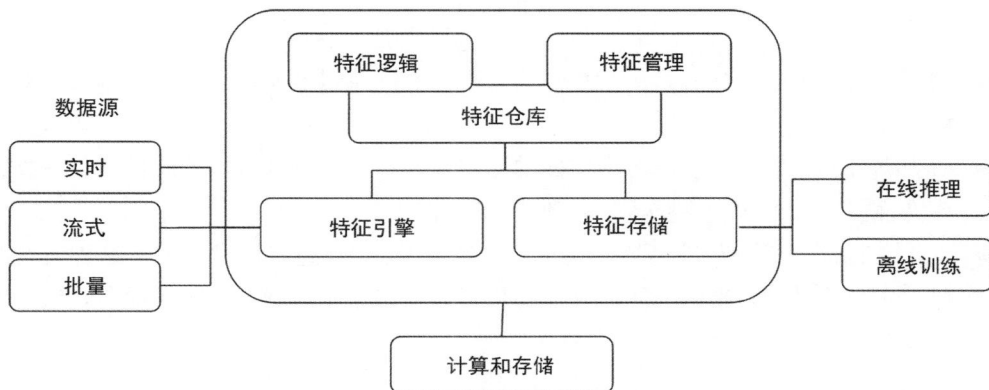

图 3.7 Tecton 特征平台架构（改编自 Tecton 文档①）

- **特征存储**：管理离线/在线存储，并通过 SDK 提供的 API 服务特征数据。在线特征服务请求需通过特征服务（feature service）统一处理。

架构图中未明确体现的关键能力是监控体系。Tecton 内置数据质量监控（跟踪数据分布和完整性）和运行监控（检测特征新鲜度、存储健康度及管道状态），这些能力对保障生产环境模型性能至关重要。

在数据集成方面，Tecton 特征平台支持主流数据源和存储方案，具体支持列表如表 3.3 所示。

表 3.3 **Tecton 特征平台支持的数据源及存储类型**

数据源	离线存储	在线存储
Hive、S3、Snowflake Databricks、Redshift、Kinesis、Kafka	Hive、Glue、S3、Redshift	Redis、DynamoDB

4. 评估

由于 Tecton 属于企业级商业供应商解决方案，人们对其在特征工程基础设施中提供的功能集抱有更高期望，要求其具备比 Feast 和 Feathr 更全面的能力。该平台所提供的功能实际上是其他案例研究方案的超集，因此本小节在分析优势与改进空间时，将聚焦于显著特性，不再赘述基础功能。

---

① "Tecton Concepts," https://docs.tecton.ai/docs/introduction/tecton-concepts

1）优势

- 通过配置化方式编排特征管道的能力，消除了单独创建和管理编排系统或工作流系统的需求。
- 对数据分布、数据质量及运维层面的监控能力，在实现机器学习规模化落地和防范模型性能衰减或突发数据问题时具有关键作用。
- 支持在特征定义之外编写转换逻辑，并通过 UI 实现逻辑可发现性，这种设计显著提升了复用效率。当多个团队开发相似机器学习用例且存在特征重叠时，这一点非常有价值。

2）改进空间

- 当前特征名称隐式继承自转换函数名，这种命名机制缺乏直观性。将特征名称升级为一等特征元数据，可有效促进跨团队的特征共享与复用。

3.6 小结

机器学习从业者公认的事实是，数据科学家在机器学习开发流程的特征工程环节投入了大量时间。特征工程基础设施的建设目标，不仅要缩短特征生成耗时，更要促进团队协作和最佳实践的沉淀。特征工程的价值在在线机器学习中尤为明显，随着企业持续扩大机器学习投入，构建特征工程基础设施已成为关键成功要素。

特征工程基础设施具有高度复杂性，需要依赖数据存储、计算资源等诸多底层系统。其核心构成包括：

- 特征规范与定义。
- 特征注册表。
- 特征管道编排。
- 特征存储。
- 特征服务。
- 特征监控。

　　本章从开源方案、自建方案和商业供应商三个维度，分别选取了具有代表性的解决方案进行剖析。通过展示各方案的优势与改进空间，我们为读者提供了基础评估框架。需要强调的是，自建与采购的决策从来都不简单，最终选择需要综合考量多方面因素。希望本章提供的评估分析，能为决策者奠定基础。

第4章
模型训练基础设施

在 ML 开发流程中，特征工程之后的关键阶段称为模型训练。模型训练阶段需要从多样化的算法集合中选择合适的 ML 算法，并利用选定的特征对其进行训练。其核心目标是使算法能够从这些特征中学习内在规律，从而对新的未知数据做出准确预测。模型训练流程包含若干关键步骤：算法选择、模型训练、超参数调优和模型评估。在典型的 ML 项目中，通常需要多次迭代这些步骤，才能获得既符合性能指标又满足业务需求的高性能、强泛化模型。

算法选择阶段需要根据具体任务类型（回归或分类）挑选合适的 ML 算法。该步骤常被称为艺术与科学的结合：艺术性体现在对业务问题本质、ML 任务特性和数据特征的深刻理解，进而判断最适用的算法，这需要多年经验积累的直觉和创造力；科学性则体现在采用系统化的数据驱动方法，包括通过统计分析评估数据特征、识别潜在偏差，以及基于模型表现逐步优化实验方案。简而言之，艺术性是通过专业直觉做出合理假设，而科学性则是通过系统实验、数据分析和遵循行业最佳实践来实现。

超参数调优阶段需要确定应该调整算法的哪些内部参数来提升性能。这个过程类似于化学实验，需要执行多组不同参数配置的实验，每次实验后都要根据项目初期定义的评估指标来检验模型表现。该阶段的最终目标是找到能够在特定 ML 任务上实现最优性能的超参数组合。

> **注意**　模型参数与超参数
>
> 在模型训练与调优中，模型参数和超参数是两个具有不同作用的重要概念。
>
> 模型参数是机器学习算法在训练过程中自主学习的产物。这些参数（如算法为最小化实际目标值与预测输出之间的误差而调整的系数和权重）并非由数据科学家提供或确定。
>
> 超参数则是数据科学家在训练开始前设置的配置参数，用于控制机器学习算法的学习方式或训练速度。常见的超参数包括学习率、批量大小、隐藏层数量等。

从整体流程来看，模型评估阶段旨在系统评估训练模型的性能和泛化能力。为实现这一目标，首先需要根据具体任务选择恰当的评估指标，随后在算法训练过程中采集这些指标数据，最终评估模型对未见数据的适应能力。常用指标包括准确率（accuracy）、精确率（precision）、召回率（recall）、F1 值（F1-score）、均方误差（mean square error，MSE）以及受试者工作特征曲线下面积（area under the receiver operating characteristic curve，AUC-ROC）。

模型训练阶段的终极目标是构建既具备良好泛化能力又满足业务需求的高性能模型。业务需求可能涉及提升客户体验、优化业务关键指标或降低运营成本等具体场景。为有效实现目标，需要构建完整的基础设施体系来简化流程、加速迭代，并满足包括计算资源编排、海量特征复杂深度学习模型的分布式训练在内的各类软件工程需求。

4.1　概述

模型训练基础设施是机器学习基础设施体系的核心支柱之一。其主要使命是为 ML 模型训练的全流程活动提供完整的资源支持和技术工具，涵盖集成开发环境、实验追踪系统、支持大规模模型训练与离线评估的计算资源、可视化工具等重要组件。

模型训练流程中的每个环节都具有独特的技术需求。因此，支撑这些环节的基础设施需要由多个专业组件协同构成。这些组件通过有机整合形成统一系统，为研究人员提供流畅无缝的体验，有力支撑快速迭代与实验探索。特别值得注意的是，在支持大规模机器学习项目时需进行针对性设计。

模型训练基础设施的核心价值体现在以下维度：

- 效率提升。模型训练流程包含多个环节。通过优化流程提升执行效率，可使数据科学家将更多精力专注于模型调优、实验设计等核心机器学习任务。
- 协作支持。中高复杂度的机器学习项目往往需要团队协作完成。通过提供共享资源访问、版本化管理的模型产物（如模型文件）及协同工具，可有效提升协作效率，助力构建更优质的模型并推动业务成果转化。
- 实验管理。模型性能优化的重要路径是探索不同的超参数组合。通过完善的实验管理和追踪工具，研究人员可以便捷地组织、分析、复现实验过程，加速不同模型方案的性能对比，快速定位最优配置。
- 弹性扩展。复杂机器学习场景常依赖深度学习技术来处理海量数据，这需要分布式训练架构与高性能硬件的协同支持。基础设施的弹性扩展能力可显著提升训练与实验效率，为探索创新性业务解决方案提供技术保障。

后续章节将深入解析模型训练基础设施的架构设计，详细阐述各组件间的协同关系，并系统分析每个组件的技术特性与实现细节。

4.2 架构

高效的模型训练基础设施需要提供内在统一的工具集，既能满足不同训练阶段的需求，又能在模型训练阶段适应机器学习任务的扩展要求。对于刚起步的应用机器学习的企业，其模型训练基础设施的复杂程度，无法与多年深度应用机器学习的大型公司相比。

值得庆幸的是，开源社区和 MLOps 供应商提供的工具基础设施在过去几年已日趋成熟。这使得企业现在能够根据具体需求，灵活组合和定制所需的解决方案。

从工程角度来看，模型训练基础设施包含以下核心组件：

- 模型开发环境：为数据科学家提供简单易用且交互式的开发环境，助力快速构建 ML 模型。
- 实验跟踪：帮助记录和管理数据科学家进行各类模型实验时产生的元数据，便于结果可视化与跨实验对比，从而深入理解模型表现。
- 模型训练：提供管理训练管道的功能以确保可复现性，同时支持临时或定期调取计算资源进行模型训练。
- 模型存储：作为集中存储库管理模元数据、工件及全生命周期。

图 4.1 展示了各组件及其交互关系。输入来自特征存储中的特征数据，输出则是可用于离线/在线推理的成熟模型。中间区域包含了支持模型训练全流程的工具、框架和基础设施。

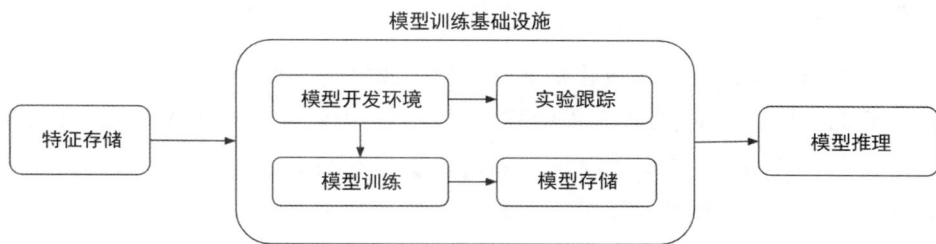

图 4.1　模型训练基础设施架构

与特征工程基础设施不同，目前尚无现成的端到端供应商解决方案。但针对上述每个组件，业界已有开源和商业解决方案可供选择，我们将在案例研究一节具体探讨。

后续章节将逐一解析各组件的核心能力，同时重点介绍来自工业界和开源社区的通用实践方案。

4.2.1　模型开发环境

在模型开发和探索阶段，高度交互、支持协作且灵活的开发环境是数据科学家不可或缺的利器。开发环境需要提供快速反馈机制和可视化能力，使数据科学家能够高效完成数据分析、结果可视化、模型迭代开发，并与团队成员顺畅交流研究成果。

机器学习社区中事实上被广泛采用的主流开发环境是基于 Web 的 Jupyter 交互式开发环境。根据其官网说明[①]，Jupyter 是开源软件，是"适用于跨编程语言的交互式计算的免费软件、开放标准及网络服务"。

Jupyter 最新的笔记本界面 JupyterLab，集代码、文档、数据、可视化图表、交互控件于一体，提供了灵活强大的用户界面。仅需执行几条简单命令，就能在本地机器快速完成安装和部署。

对于希望为数据科学家提供分布式共享环境的团队或企业，可采用名为 JupyterHub 的多用户笔记本方案。该项目的设计强调灵活性，使组织能够有效控制资源访问权限，自定义机器学习工作流，并集成所选工具和库。

1. 数据访问

模型开发与探索的关键步骤包含数据分析和可视化。为此，数据科学家需要访问集中管理的数据存储库（通常称为数据仓库或数据湖），其中不仅包含体量庞大的多样化数据集，还包括各 ML 项目通用的一些共享特征。因此，开发环境必须提供安全便捷的数据访问通道。缺乏这种访问能力，模型开发与探索进程将举步维艰。

2. 计算资源访问

当数据科学家获得所需数据集或特征后，将着手分析和评估数据对当前机器学习任务的适用性。要进行中到大规模的数据分析，仅凭本地笔记本电脑的计算能力显然不足，此时就需要借助更强大的计算资源快速完成数据处理任务。

分布式数据计算引擎便应运而生，典型代表包括 Apache Spark、Dask 和 Ray 等解决方案。

> **注意　Spark、Dask 和 Ray**
>
> 三个流行的分布式计算框架（Spark、Dask 和 Ray）广泛应用于不同的数据处理场景。Spark 作为最成熟的框架，拥有庞大的生态，通过 Java、Scala 和 Python 等语言的高

---

① Project Jupyter, https://jupyter.org/

级 API 为大规模数据处理提供了统一的强大平台。Dask 专注于并行计算，可与主流 Python 库（如 NumPy 和 Pandas）无缝集成，特别适合可扩展的复杂数据计算。Ray 则是专门为 Python 和 AI 任务设计的计算框架，具备简洁的编程模型和自动并行化能力，擅长分布式任务执行。

选择框架时应根据具体需求进行判断，通用大数据处理选 Spark，Python 生态的并行计算选 Dask，分布式机器学习任务则首选 Ray。

开发环境需要提供便捷的计算资源访问机制，以支持大规模数据分析。随着资源使用频率和规模的增加，建议打造成本归因（cost attribution）和成本管理能力，例如设置集群在空闲超时或非活动状态下自动关闭。

3. 模型开发

在训练大型神经网络或树模型时，数据科学家需要实时监控训练过程，通过观察损失值、准确率等关键指标在每次迭代中的变化，评估模型学习效果。这种可视化的洞察能力能帮助开发者在出现过拟合或收敛问题时及时终止训练，避免因学习轨迹偏离正轨而浪费数小时的计算资源。

提升模型开发体验的核心工具包括 TensorFlow 项目提供的 TensorBoard 可视化套件，以及模型通用方法，如 LIME、SHAP 和 ICE Plots，用于增强模型可解释性。

TensorBoard 是 Google 开源机器学习框架 TensorFlow 提供的专业可视化工具，已成为业界标准。目前主流机器学习库（如 PyTorch、XGBoost、Ray Train 和 HuggingFace）均支持与 TensorBoard 的深度集成。

注意　模型可解释性

模型可解释性指理解并解释 ML 模型预测逻辑的能力。通过揭示影响预测结果的关键因素，该能力可有效支持生产环境中的模型调试、优化和维护工作。

根据 TensorBoard 官方文档[①]，其核心功能包括：

---

① 　TensorBoard from TensorFlow project, www.tensorflow.org/tensorboard

- 实时跟踪指标：可视化损失、准确率、精确率/召回率等训练指标，帮助开发者掌握模型学习动态。
- 模型结构可视化：展示神经网络计算图，直观呈现模型架构和数据流向。
- 权重分布分析：通过直方图显示权重和偏置的分布变化，辅助检测过拟合现象。
- 嵌入降维投影：将高维特征映射到三维空间，揭示数据点间的潜在关联。
- 性能分析器：剖析模型运行时的性能瓶颈，优化计算资源利用率。

这些可视化工具能显著提升机器学习开发效率。如图 4.2 所示，开发者可以清晰观察模型在训练集和验证集上的准确率与损失的变化趋势。

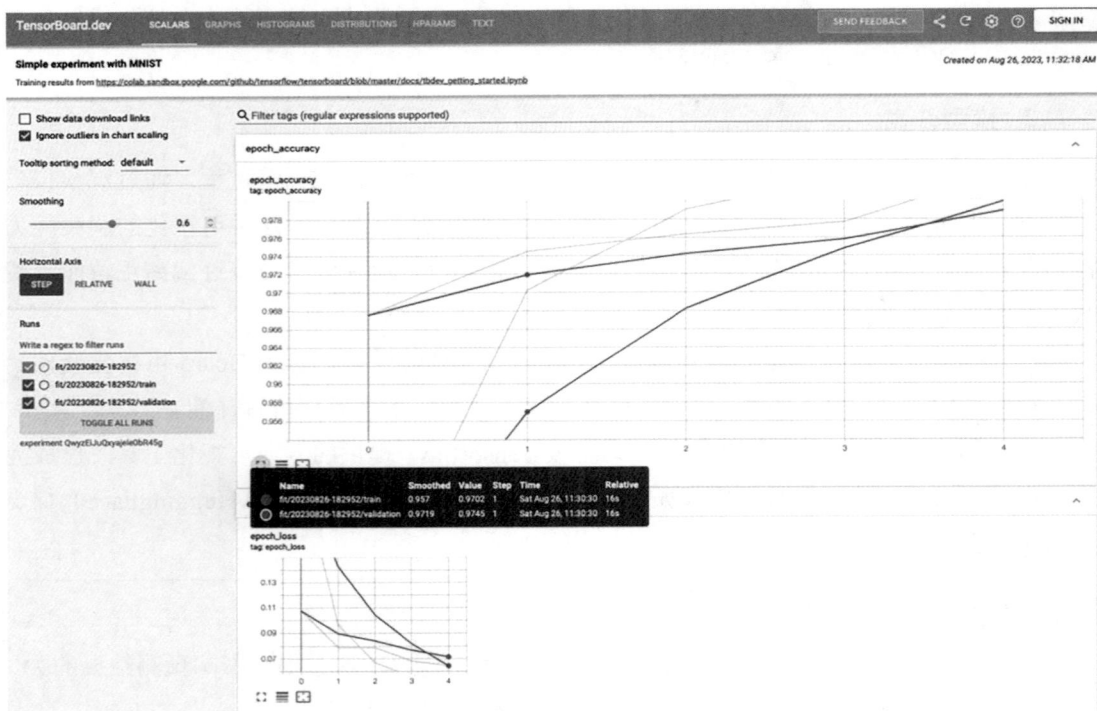

图 4.2　TensorBoard 指标可视化示例

4. 可复现性

可复现性是 MLOps 的核心原则之一。完成模型开发与探索后，必须对训练代码实施版本控制，主要作用包括：

- 变更追溯：记录代码修改历史，便于团队成员复现模型训练过程。
- 问题诊断：当生产环境出现异常时，快速回退到稳定版本或定位问题。
- 协同开发：支持多人并行修改同一脚本，提供代码合并与冲突解决机制。

开发环境需要深度集成 GitHub 等版本控制系统。这种集成不仅保障了代码的完整性和可追溯性，还能通过规范的文档管理提升团队协作效率，最终推动模型开发实验的标准化进程。

4.2.2　实验追踪

ML 模型开发是一个需要反复实验的迭代过程。数据科学家通过调整不同配置、测试各种算法和选择各种特征，系统性地探索搜索空间。这一过程能够创建出不仅准确，而且具备鲁棒性、公平性和可解释性的模型。这些活动被统称为实验追踪，优势如下：

- 可复现性：使用相同代码、数据和参数复现实验结果的能力，对于企业或数据科学团队验证结果和诊断问题至关重要。
- 协作：实验追踪使数据科学家能够轻松共享见解，并通过协作改进模型性能或解决挑战。
- 超参数优化：除追踪超参数和配置组合外，还能有效识别最优模型性能的设置。
- 决策支持：通过分析历史实验的趋势、模式和失败案例，指导后续实验的优化方向。

传统上，数据科学家使用电子表格记录实验输入和结果。但这种方法存在烦琐、易错、难以扩展、跨实验分析效率低下等缺陷。

随着 MLOps 技术的成熟，开源社区和商业公司都推出了专业的实验追踪解决方案。在介绍具体方案前，我们先明确实验追踪的核心需求：

- 元数据管理：记录每个实验的各类元数据（如作者、环境、依赖项）。
- 数据管理：高效存储实验过程中产生的大量结构化/非结构化数据，包括输入数据、模型输出、指标和各类产物。

- 可扩展性：随着实验数量增长，系统需要具备资源弹性扩展能力。
- 分析可视化：通过多维指标分析和可视化对比，支持为实验优化做出明智的决策。

当前市场上有众多实验追踪解决方案可供选择，包括开源和商业方案。这些方案通常提供 Python 库实现快速集成，部分支持自动记录指标、参数、模型及血缘信息。开源社区广泛使用的 MLflow[①]就是典型代表，该平台包含四大组件：

- Tracking：通过 API 和 UI 实现实验记录、查询与可视化。
- Projects：支持跨平台复现的数据科学代码打包规范。
- Models：提供标准格式的模型打包方案，适用于部署等下游场景。
- Model Registry：实现模型全生命周期管理的中央仓库。

图 4.3 展示了 MLFlow 2.7.1 版本的实验主页，其中表格化呈现带元数据的实验列表。通过勾选首列复选框并单击 Compare 按钮，可轻松对比多个实验结果。

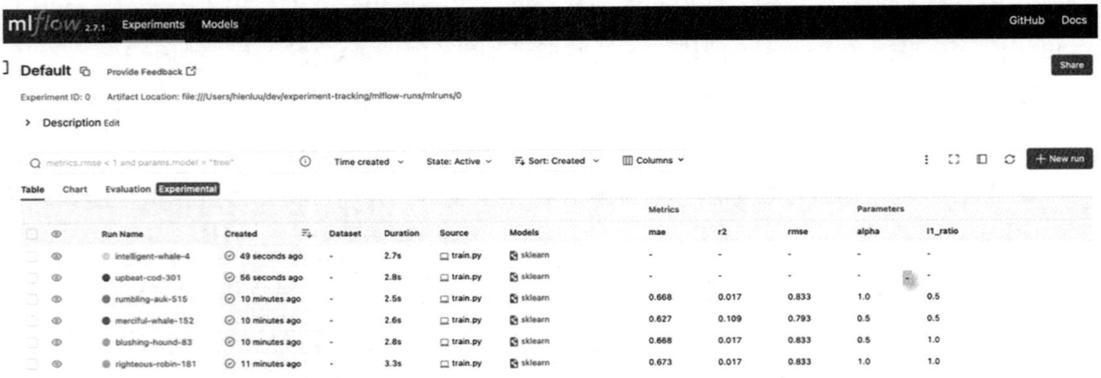

| | | Run Name | Created | Dataset | Duration | Source | Models | Metrics | | | Parameters | |
								mae	r2	rmse	alpha	l1_ratio
	⊚	intelligent-whale-4	49 seconds ago	-	2.7s	train.py	sklearn	-	-	-	-	-
	⊚	upbeat-cod-301	56 seconds ago	-	2.8s	train.py	sklearn	-	-	-	-	-
	⊚	rumbling-auk-515	10 minutes ago	-	2.5s	train.py	sklearn	0.668	0.017	0.833	1.0	0.5
	⊚	merciful-whale-152	10 minutes ago	-	2.6s	train.py	sklearn	0.627	0.109	0.793	0.5	0.5
	⊚	blushing-hound-83	10 minutes ago	-	2.8s	train.py	sklearn	0.668	0.017	0.833	0.5	1.0
	⊚	righteous-robin-181	11 minutes ago	-	3.3s	train.py	sklearn	0.673	0.017	0.833	1.0	1.0

图 4.3　MLFlow 实验追踪界面

单击 Run Name 列下的实验名称，可查看如图 4.4 所示的元数据、参数、指标和产物等详细信息。

---

① MLflow, an open source platform for machine learning lifecycle, https://mlflow.org/

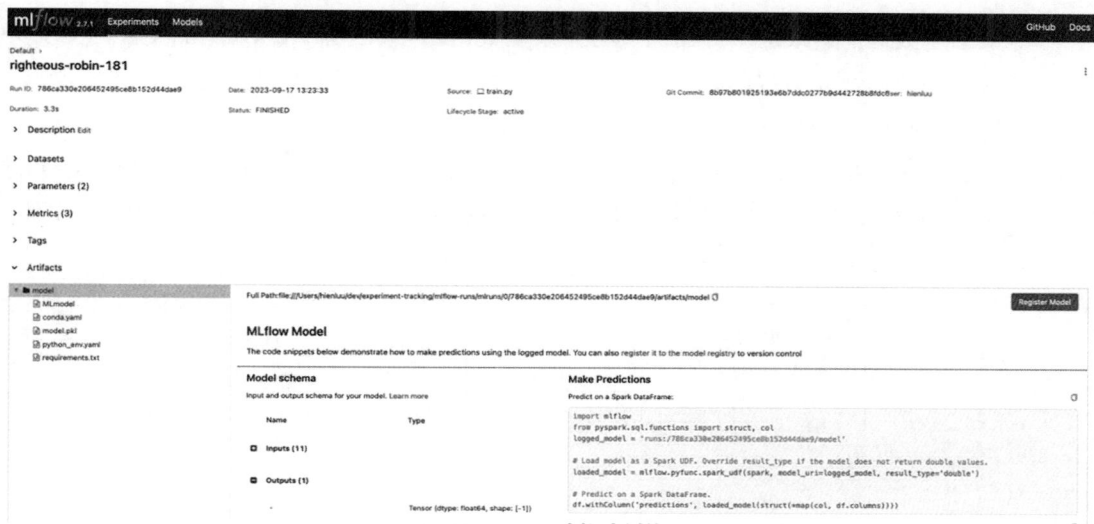

图 4.4　MLFlow 实验详情页面

考虑到现有方案的成熟度，建议选择开源或商业实验追踪方案。这些方案经过多年发展，不仅功能丰富，还与主流机器学习库深度集成。采用成熟方案可使组织受益于行业最佳实践、持续的技术支持，以及开源社区/用户群体的资源积累。

主流实验追踪方案通常具备以下核心能力：实验信息记录、可视化指标对比、实验元数据检索以及与机器学习框架的无缝集成。

技术博客《15 个最佳的 ML 实验追踪和管理工具》[①]对 2021 年的 15 个主流工具进行了全面对比，涵盖开源和商业方案。多数商业方案部署在主流云平台（如 AWS/Azure），并提供免费套餐供用户试用和评估。

架构

典型实验跟踪系统的架构如图 4.5 所示，主要包含以下核心组件：

● 跟踪服务器：负责处理来自用户界面或客户端库的请求，承担管理实验数据和用户交互的核心枢纽作用。

---

① 15 Best Tools for ML Experiment Tracking and Management, https://neptune.ai/blog/best-ml-experiment-tracking-tools

- 关系型数据库：跟踪服务器通过与关系型数据库（如 PostgreSQL）的交互，实现实验跟踪数据及元数据的存储与检索。这些数据包括实验信息、运行记录、参数配置、性能指标等相关内容。

- 对象存储：跟踪服务器通过与对象存储服务（如 AWS S3 或 Google Cloud Storage）的交互，管理实验过程中产生的各类产物，包括模型二进制文件、图像及其他生成文件。

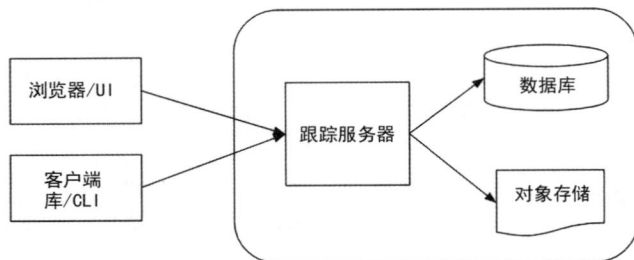

图 4.5　实验跟踪系统架构

作为模型训练基础设施的核心组件，实验跟踪系统在模型训练开发阶段的无缝集成至关重要。

4.3　模型训练管道

当数据科学家通过临时性的模型探索和实验达成预设性能目标后，需要将端到端的模型训练步骤整合到模型训练管道中，形成可复用的 ML 模型生成流程。该工作流串联数据预处理、模型训练、模型评估、模型部署等关键环节，使数据科学家能够高效实现模型的持续部署与迭代。

遵循软件工程最佳实践，模型训练管道需以代码形式实现，并通过同行评审确保符合编码规范。这包括完整的文档支持、模块化的可维护代码结构，以及严格的版本控制。

模型训练管道的主要优势包括：

- 高效性：通过代码化的流程编排实现自动化，显著减少人工干预并提升执行效率。

- 模块化：明确定义的模块化结构支持局部修改而不影响整体流程。
- 一致性：标准化的流程确保开发环境与生产环境的行为一致性。
- 实验便捷性：结构清晰的管道设计便于开展对照实验，通过增加迭代次数持续优化模型性能。
- 计算复用：数据科学家通常会多次运行管道，每次仅对其中一两个步骤做微小改动；前一次训练运行中未更改步骤的输出结果可以被复用，从而加快整个模型的训练时间。这种情况的一个很好的例子是，当仅对超参数设置进行更改时，那么之前训练中的数据预处理步骤就可以被复用。

4.3.1　编排

机器学习管道的核心在于定义需要执行的各项机器学习任务或步骤及其执行顺序，无论是串行还是并行处理。对数据科学家而言，构建和运维管道可能非常耗时。此时，现代机器学习中友好且数据驱动的编排系统应运而生，通过简化管道的开发、调度、监控和管理，助力加速提升 ML 模型性能。

值得庆幸的是，过去几年编排解决方案的成熟度显著提升，已能充分满足现代数据和机器学习任务的严苛需求，包括数据量级、数据管道复杂度，以及 ML 模型训练规模的要求。此外，可选方案的数量也从最初的寥寥数种激增至十几种。例如，这篇 MLOps 博客[①]详细对比了 13 种编排工具在多个关键维度的表现。该博客列出的大多数方案均为开源项目，其中功能丰富且前景广阔的属于商业开源项目，这对企业和开源社区而言是双赢模式。

机器学习管道通常包含两类步骤，即数据操作步骤和机器学习步骤。每种步骤类型都有其特定需求，理想情况下我们倾向于采用能支持所有需求的编排工具。

数据操作步骤的核心需求包括：

- 多数据源与存储位置：特征工程步骤可能需要从不同数据源读取数据，输出结果需

---

① Best Machine Learning Workflow and Pipeline Orchestration Tools, 2023, https://neptune.ai/blog/best-workflow-and-pipeline-orchestration-tools

持久化到常用存储位置。支持以多种格式从不同数据源读取数据的能力至关重要。

- **数据处理引擎**：特征计算通常由 Spark 等数据处理引擎或 Snowflake 等数据平台执行。与各类数据处理引擎的交互和集成能力是关键。
- **数据即核心要素**：数据集或表具有模式定义、所有权归属、数据质量检查、分区策略和服务等级协议（SLA）等特定属性。将这些属性视为核心要素的编排工具可显著降低数据科学家的使用门槛。

机器学习步骤的核心需求包括：

- **库版本灵活性**：每个模型训练脚本可能使用不同的库或同库的不同版本。支持灵活的库版本管理是机器学习管道的必备功能。
- **计算资源管理**：大型 ML 模型通常需要使用 GPU 加速训练。内置多样化的计算资源分配支持可大幅简化管道开发。
- **实验追踪**：与实验追踪工具的原生集成（用于记录训练实验过程），以及与模型注册表等更广泛的 MLOps 工具整合，对模型训练管道具有重要价值。

现代编排工具的共同特征是原生集成 Kubernetes，这带来了三大优势：

- **隔离性**：每个机器学习管道运行在独立的 Kubernetes pod 中，可自由使用特定库及其版本，有效避免库版本冲突。
- **可扩展性**：Kubernetes 在管理大规模集群资源方面经过实践检验，能够有效支撑机器学习管道的任务需求
- **可靠性**：Kubernetes 提供的自动重启、自我修复等特性，显著提升了机器学习管道的运行可靠性。

注意 Kubernetes 概述

Kubernetes 是一款流行的开源容器编排平台。如今大多数现代容器化应用都部署在 Kubernetes 集群上，它能够自动化实现容器化应用的部署、扩缩容和管理。机器学习管道正是这类容器化应用的典型代表。

编排编程风格

在机器学习管道开发场景中，数据科学家通常是构建这些管道的主要负责人。他们对

管道开发方式的选择可能因技术背景、个人偏好等因素而有所不同。值得关注的是，Python 编程语言已然成为数据科学领域的核心工具。Python 广泛应用于数据清洗、数据分析、模型训练与评估等任务，同时拥有丰富完善的 Python 数据科学库生态。因此，采用更符合 Python 语言习惯的编程风格，能够显著提升数据科学家的工作效率。

　　主流的编排工具通常提供两种构建工作流（即机器学习管道）的方式。第一种是通过 YAML 文件定义工作流结构，包括步骤、顺序和依赖关系。图 4.6 展示了 Argo 工作流的 hello-world 示例[①]（采用 YAML 格式）。第二种方式是在包含业务逻辑的 Python 函数中使用专用的工作流装饰器，图 4.7 展示了 Flyte 编排工具[②]的对应实现。

```
apiVersion: argoproj.io/v1alpha1
kind: Workflow
metadata:
  generateName: hello-world-
  labels:
    workflows.argoproj.io/archive-strategy: "false"
  annotations:
    workflows.argoproj.io/description: |
    This is a simple hello world example.
spec:
  entrypoint: whalesay
  templates:
  - name: whalesay
    container:
    image: docker/whalesay:latest
    command: [cowsay]
    args: ["hello world"]
```

图 4.6　YAML 文件定义的工作流

　　这两种工作流定义方式存在本质差异，不仅体现在文件格式层面，更重要的是在符合数据科学家的使用习惯层面。将工作流定义与 Python 代码逻辑融合的编程范式，在构建机器学习管道时更能获得数据科学家的青睐。

---

① Argo hello-world example,https://github.com/argoproj/argo-workflows/blob/master/examples/hello-world.yaml
② Flyte hello-world example,https://github.com/flyteorg/flytesnacks/blob/master/examples/basics/basics/hello_world.py

```
from flytekit import task, workflow

@task
def say_hello() -> str:
    return "hello world"

@workflow
def my_wf() -> str:
    res = say_hello()
    return res

if __name__ == "__main__":
    print(f"Running my_wf() {my_wf()}")
```

图 4.7　在 Python 文件中使用装饰器的工作流

目前开源社区提供了多个成熟的编排工具选项，包括 Argo、Dagster、Flyte、Metaflow、Prefect 等。为机器学习管道选择合适的编排工具时，建议建立系统化的评估标准，重点考量保障环境隔离性以避免依赖库冲突、验证 Kubernetes 对复杂管道的支持能力，以及优先保证数据科学家使用体验。

4.3.2　持续模型训练

ML 模型由数据、算法和代码组成，如图 4.8 所示。在这三个组成部分中，数据的变化速度最快，尤其是在消费互联网领域。如果生产环境中部署的模型没有根据现实世界的变化使用更新后的数据进行重新训练，模型的预测结果将逐渐无法反映新的实际情况，导致其性能相较于预期目标出现下降。

数据　　　　算法　　　　代码

图 4.8　ML 模型的核心组成

数据变化的一种典型表现是"数据漂移"。当用于模型预测的生产数据的统计属性（如数据分布）发生变化，偏离训练模型时使用的基准数据时，就会发生数据漂移。

疫情期间，客户行为的剧烈变化就是数据漂移的典型案例。以下是两个具体示例：

- 在线购物：疫情期间人们的线上购物方式发生改变，影响了用于预测购物行为的训练数据。

- 航空出行：疫情导致航班需求骤降，影响了用于预测机票预订量和客运量的数据。

要在生产环境中维持模型性能，必须具备以简单、自动化且安全的方式对模型进行重新训练和重新部署的能力。这在理论层面是合理的目标，但在实际落地时需要综合考虑资金成本、数据清洗和标注所需时间、新模型验证成本，以及排查新训练模型相关问题所需资源等因素。

随着机器学习深度融入企业的核心业务流程和在线产品，并在客户体验和营收增长等领域持续创造价值，维护和提升模型性能的需求对企业愈发关键。Google Cloud 的 MLOps 指南[1]将持续模型训练作为 MLOps 第一阶段的重点实施内容，这正是实现该目标的有效途径。

要成功实施持续模型训练，建议将 MLOps 无缝集成到标准机器学习开发流程中，并根据企业具体需求和用例制定实施策略。该策略需要重点考虑三个维度[2]：

- 触发时机：确定在何种条件下启动机器学习管道执行模型重新训练。

- 数据选择：确定用于重新训练模型的既有数据和新数据的合理配比。

- 优化方式：综合评估是否需要在利用新数据重新训练时调整超参数或迭代新模型版本。

这三个维度中，模型训练基础设施在触发时机维度具有更强的主动权，能够直接提供技术支持。其他两个维度通常由模型负责人决策，因为负责人最了解具体机器学习用例的特点、模型架构及模型当前演进状态。

关于模型重新训练的触发机制，业界普遍采用三种方法，即定期重新训练、模型性能

---

① Google Cloud MLOps: Continuous delivery and automation pipelines in machine learning, https://cloud.google.com/architecture/mlops-continuous-delivery-and-automation-pipelines-in-machine-learning

② Framework for a successful Continuous Training Strategy, https://towardsdatascience.com/framework-for-a-successful-continuous-training-strategy-8c83d17bb9dc

监测和数据变化感知。

- 定期重新训练：基于固定时间或定时任务的简单方案，具有易理解和易实施的优点。当重训练频率与数据变化规律相匹配时，效果最佳，否则可能造成时间和计算资源的浪费。

- 模型性能监测：通过实际性能下降的实证数据触发训练。适用于能快速获取真实值的用例（如广告点击率预测），不适用于获取真实值周期较长的场景（如贷款审批预测）。

- 数据变化感知：通过监控新数据可用性或数据分布变化来主动触发训练。特别适合难以快速获取真实值的用例。

实际应用中，最佳方案可能是上述方法的组合使用。

现代编排工具能够有效支持基于定期重新训练或数据可用性的持续训练。但对于模型性能监测和数据变化感知这两种方式，需要基础设施提供相应的监控机制，当预设指标超出阈值范围时自动触发训练管道。

4.4　大规模模型训练

当机器学习项目中出现以下一项或多项需求时，模型训练将变得极具挑战性：

- 数据集规模超过单台计算机的存储容量。这在自然语言处理、计算机视觉和机器翻译等领域的机器学习应用中尤为常见。

- 模型复杂度过高，参数数量超出单台计算机的内存容量。典型案例如 GPT-3 或 BERT 等多层复杂参数的深度神经网络模型。

- 海量数据集的训练时间超出合理范围。

深度学习领域普遍存在使用大数据集训练大型复杂模型的趋势。这一趋势的重要依据来自一项研究[①]：当训练数据足够庞大时，深度神经网络模型能够达到最优性能，这在机器

---

① Ilya Sutskever, Oriol Vinyals, Quoc V. Le, "Sequence to Sequence Learning with Neural Networks," 2014, https://arxiv.org/abs/1409.3215.

翻译和计算机视觉任务中尤为显著。如图 4.9[①]所示，深度学习模型的性能不仅超越传统机器学习方法，且随着训练数据量的增加呈现持续提升的趋势。

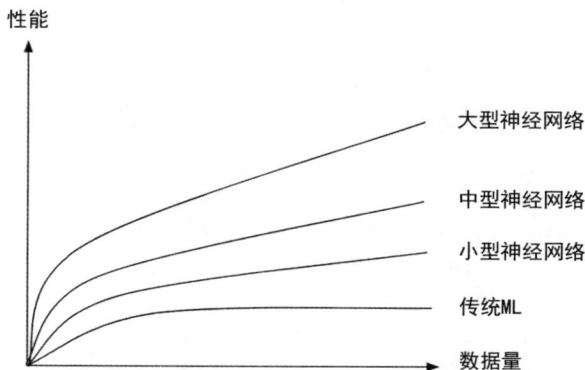

图 4.9　深度神经网络模型性能对比

在企业级实际机器学习项目中，最后一项需求（缩短训练时间）最为普遍。数据科学家需要通过快速迭代优化模型性能，这就要求训练基础设施能够提供分布式训练所需的工具和计算资源。

分布式模型训练

分布式模型训练主要应用于深度学习领域，它结合分布式系统原理与机器学习技术，通过在 GPU 计算集群上分配训练任务来实现容错性强、可扩展的模型训练。该方法的核心目标包括加速训练过程，以及支持单机无法容纳的大型复杂模型的训练。

主流的分布式训练方法分为数据并行和模型并行。由于技术细节超出本书范围，此处仅做概念性说明。

数据并行将训练数据划分为小批量分发到不同机器，各机器基于本地数据训练模型，最终合并训练结果，如图 4.10 所示。该方法兼容大多数深度神经网络架构，因而应用最广。

---

① Andrew Ng, How Scale is Enabling Deep Learning, www.youtube.com/watch?v=LcfLo7YP8O4.

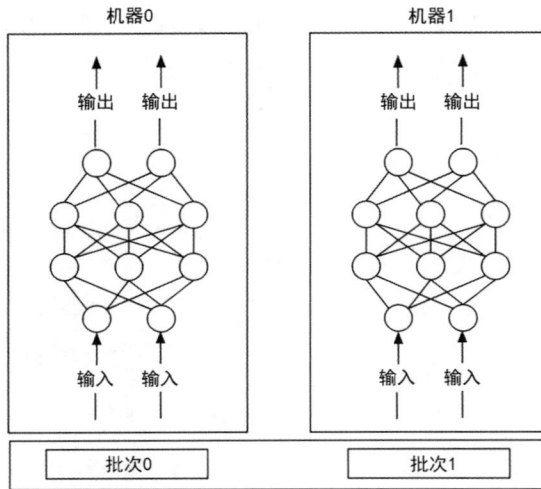

图 4.10　数据并行

　　模型并行将大型模型拆解后分布到不同机器，各机器使用完整数据集训练模型子部分，如图 4.11 所示。模型并行适用于支持并行计算的模型架构。

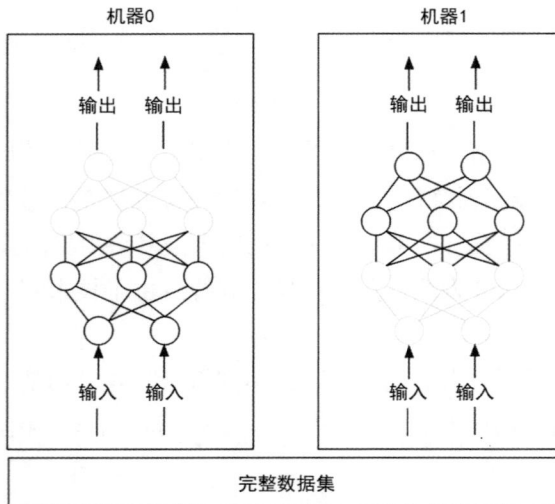

图 4.11　模型并行

当前主流深度学习框架，如 TensorFlow 和 PyTorch，均已内置分布式训练支持。

从模型训练基础设施角度看，需通过 Kubernetes 实现集群的自动化创建/销毁和资源编排，确保计算资源（包括节点数量、CPU/GPU 配置）的灵活调度。Kubernetes 的隔离机制支持不同训练任务自由选用特定依赖库或版本，便于开展分布式学习库新功能的探索。

为加速模型研发进程，集群应预装常用深度学习工具链，帮助数据科学家监控训练过程及资源利用率。

Lyft 机器学习平台团队提出的 LyftLearn 架构[1]完整展现了现代训练基础设施的核心组件与交互关系，为相关系统建设提供了有价值的参考架构。值得注意的是，虽然架构蓝图看似简洁，但实现过程充满技术挑战，正如业界箴言"魔鬼藏在细节中"揭示的真理。

4.5　模型注册表

模型训练阶段的产出是 ML 模型及其相关元数据。随着时间的推移，随着机器学习项目的增加和数据科学团队的扩充，模型数量会持续增长。当模型数量达到一定规模后，采用人工方式跟踪、发现模型，并以临时方式管理其生命周期会变得愈发困难、耗时且容易出错。此时引入模型注册表就成为明智的选择。在受严格监管的行业（例如金融服务、医疗保健和保险领域），模型注册表能够帮助实现模型治理与验证，通过详细的审计追踪确保模型部署流程的合规性。

从宏观架构来看，模型注册表是 MLOps 体系中的关键组件，它为 ML 模型的发布和生命周期管理提供了结构化且可控的环境。其功能定位类似于软件开发领域的制品仓库（artifactory）或镜像仓库（docker hub）。如图 4.12 所示，该组件在机器学习开发生命周期中发挥着重要的桥梁作用[2]，有效连接了模型开发阶段的实验环节与生产部署阶段。

[1]　Vinay Kakade, LyftLearn: ML Model Training Infrastructure built on Kubernetes, https://eng.lyft.com/lyftlearn-ml-model-training-infrastructure-built-on-kubernetesaef8218842bb

[2]　Simplifying MLOps with Model Registry, www.youtube.com/watch?v=WrieKPgXZyo&t=643s

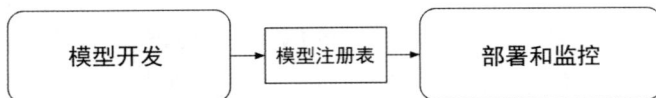

图 4.12　作为桥梁的模型注册表

在深入探讨模型注册表的技术细节前，我们有必要了解模型注册表为企业内部机器学习生态带来的核心价值。需要特别说明的是，当机器学习应用规模突破临界阈值时（例如存在两个以上机器学习团队或模型数量超过十个），这些优势将产生显著的规模效益：

- 文档管理与发现：通过将完整的元数据和模型存储于中央仓库，数据科学家、机器学习工程师等角色可以便捷地查阅各团队开发的模型的状态和生命周期信息。相关人员还能追溯模型的训练方法、训练者等详细信息。

- 跨团队协作：当参与模型生命周期管理或问题排查的各个团队都能在统一平台获取模型信息时，跨部门协作效率将显著提升。

- 规范化部署：模型注册表在模型开发阶段的实验环节与生产部署环节之间建立通道（后者通常由运维团队负责）。只有经过注册表发布的模型才会进入实验证流程，最终部署到生产环境，这有效避免了直接使用数据科学家本地计算机中的临时模型。

- 生命周期管理：部分模型注册表提供预定义或可配置的部署阶段。通过注册表统一管理模型的部署生命周期，各团队都能清晰掌握模型所处的状态。

- 治理合规：对于强监管行业的企业，该功能尤为重要。模型访问控制、部署权限管理、审计报告生成以及模型溯源，都是构建负责任 AI 治理体系的关键要素。

> **注意**　模型注册表、模型存储、模型仓库
>
> 在 MLOps 领域，模型注册表（model registry）、模型存储（model store）和模型仓库（model repository）等术语常因定义重叠造成概念混淆。这些术语常被交替使用甚至视为同义词。虽然存在细微差异，但更重要的是理解它们在 ML 模型管理、元数据维护和生命周期管控中的核心作用与实现原理。

与实验跟踪工具的成熟度发展类似，当前开源和商业版模型注册表解决方案均已达到较高成熟度。市场上有丰富选项可供选择。考虑到现有解决方案的完善程度，除非有非常

特殊的定制化需求（现有方案均无法满足），否则强烈建议采用现成方案而非自建。

　　MLFlow 框架包含名为 Model Registry 的核心组件。完成注册的模型会展示在 Registered Models（已注册模型）列表中（如图 4.13 所示），每个模型版本的详情界面会呈现相关元数据和对应的实验运行记录，具体展示形式可参考图 4.14。

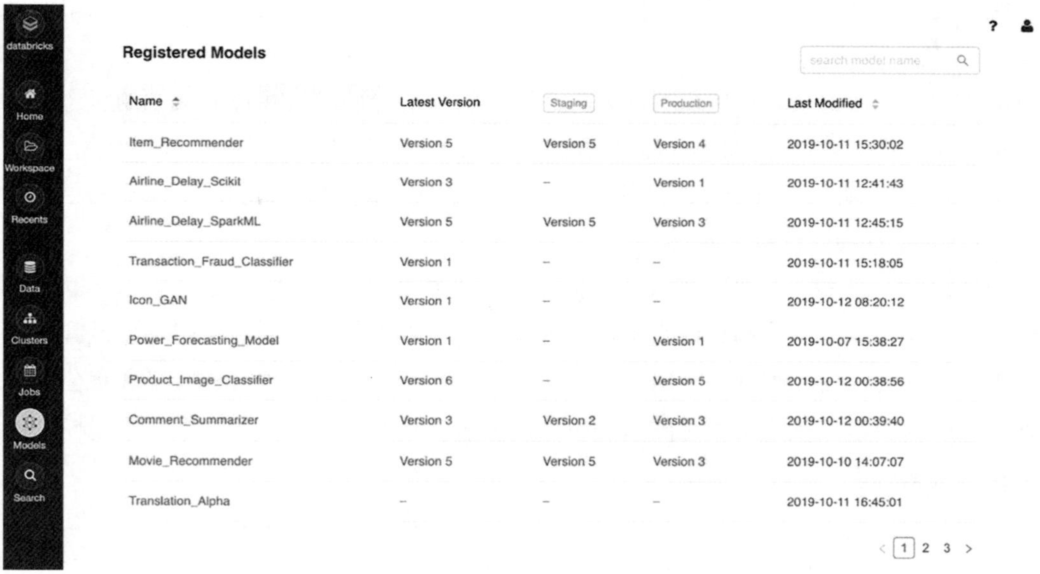

图 4.13　MLFlow 已注册模型列表

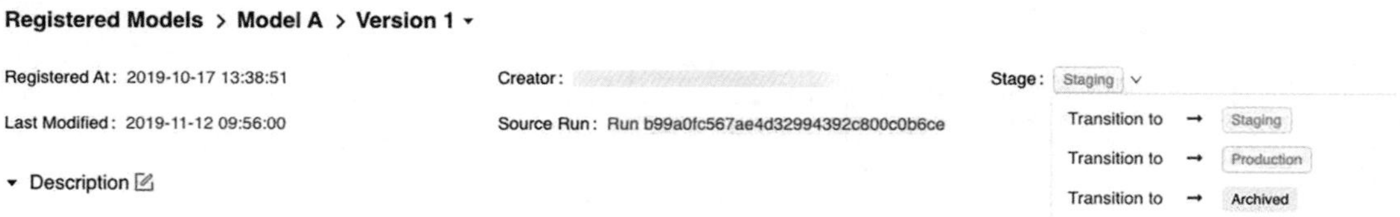

图 4.14　已注册模型的元数据与实验关联

　　关于模型注册表的深度解析博客①不仅对比了主流工具的优劣，还提供了详细的评估框架，帮助读者根据实际需求选择最合适的解决方案。

---

①　Best ML Model Registry Tools, https://neptune.ai/blog/ml-model-registry-best-tools

架构

虽然模型注册架构中的部分内部组件与实验追踪架构中的组件非常相似，但仍需重点关注以下几个核心部分：

- 下游服务集成：通过集成 API 为下游服务提供可扩展且便捷的 ML 模型调用或下载方式。
- 状态转换：记录并管理模型部署生命周期从开发、预发布、生产到归档的状态转换。
- 访问控制：通过详细的审计日志管理访问控制，以满足合规和治理要求。
- 实验追踪集成：出于溯源目的，必须将生成特定模型版本的实验信息作为已发布模型元数据的一部分。

图 4.15 展示了模型注册表的架构。除了通过 HTTP 或 gRPC 协议处理来自不同客户端的请求，并与多种后端存储系统交互以管理结构化元数据和模型的标准服务外，其内部可能还需要复杂的访问控制管理逻辑，与内部 LDAP 系统集成来实现身份验证和角色管理。此外，可能需要通过预定义或可配置的生命周期管理机制，采用复杂逻辑来实现模型的精确追踪和状态转换。

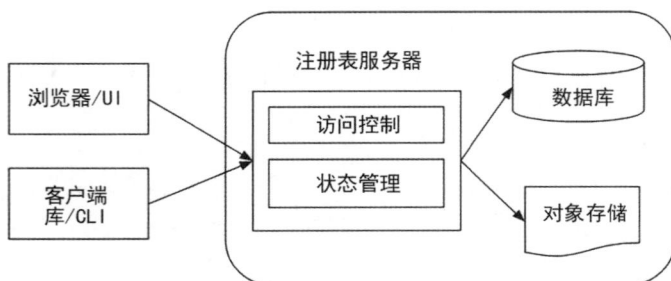

图 4.15　模型注册表架构

模型注册表是模型训练基础设施的重要组件，在机器学习开发生命周期中充当模型开发阶段与落地应用阶段之间的桥梁。

4.6 案例研究

模型训练基础设施在助力数据科学家和机器学习工程师加快模型开发与探索阶段的进程，同时推广围绕协作、可复现性和自动化的最佳实践方面，发挥着关键作用。模型训练基础设施所需的复杂程度取决于多种因素，包括正在开展的机器学习用例的数量、数据科学家的数量、ML 模型的规模和复杂程度，以及机器学习在公司产品开发中的集成程度。

对于初创企业或刚开展机器学习应用的组织，采用云服务提供商的解决方案来满足其模型训练基础设施需求（即使不能覆盖全部需求）是合理的选择。另一种方案是结合云服务提供商解决方案、自建平台、经过筛选的供应商解决方案三者的优势。

对于拥有许多机器学习用例和相当数量的数据科学家，并且机器学习是产品开发不可或缺部分的中型企业，重点更多地在于可扩展性、伸缩性、效率以及自助服务，具体方式是通过提供抽象概念和黏合代码，将来自企业内部、供应商以及开源的众多解决方案无缝集成到一组紧密结合的组件中。

4.6.1 自建

Instacart 的机器学习平台 Griffin 是自建方案的典型案例。该平台为应对业务快速增长（具体表现为机器学习应用数量的持续增加）而快速迭代演进，其核心目标是"帮助机器学习工程师快速迭代 ML 模型、轻松管理产品发布并密切追踪生产环境应用"[①]。基于此目标，Instacart 在构建模型训练基础设施时重点考量了以下要素：

- 横向扩展性（scalability）：平台须具备支撑数千个机器学习应用的承载能力。
- 功能扩展性（extensibility）：必须保持足够的灵活性和扩展性，以支持机器学习开发

[①] Instacart's hyper-growth entails increasing machine learning applications and requires fast iterations of machine learning workflows, www.instacart.com/company/how-its-made/griffin-how-instacarts-ml-platform-tripled-ml-applications-in-a-year/

过程中所需的各种工具和外围系统。

● 通用性（generality）：通过抽象化与第三方解决方案的集成，提供标准化工作流程和
  统一的用户体验。

图 4.16 展示了 Griffin 系统架构的简化示意图，重点呈现与模型训练基础设施相关的核
心组件。

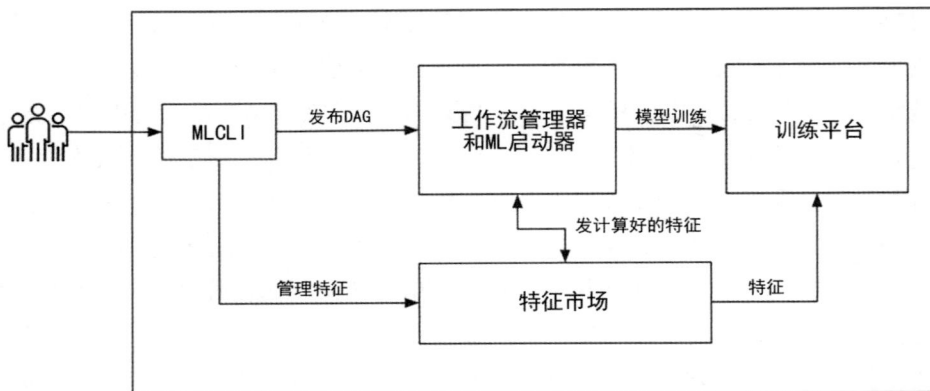

图 4.16　Griffin 系统架构（改编自 Instacart 博客）

MLCLI 是机器学习工程师与 Griffin 平台交互的主要接口，用于开发机器学习应用和管
理模型生命周期。该接口提供从基础模板生成机器学习工作流代码的快速启动方式。机器
学习工程师可对生成的代码进行定制，最终以管道形式提交代码来执行模型训练。

在管道调度编排方面，Griffin 采用 Airflow 作为编排器。机器学习管道通过 YAML 格
式的声明式配置进行定义，这种抽象方式隐藏了 Airflow 的底层复杂性，使工程师能够专注
于任务逻辑设计。

为兼容 TensorFlow、PyTorch、scikit-learn 等不同框架，Griffin 构建了与框架无关的训
练平台，标准化了软件包管理、元数据管理和代码管理流程。工程师首先选择合适的训练
框架，随后提交模型训练逻辑和超参数配置。平台底层系统会自动调配计算资源并启动训
练任务。

在实验跟踪方面，Griffin 通过集成 MLFlow 实现了指标追踪与存储，同时将其作为模
型注册中心进行版本管理。

2023 年初，为应对业务增长对分布式机器学习技术的迫切需求，Instacart 对 Griffin 进行了升级，使其能够高效处理 CPU/GPU 的分布式任务，并通过集成机器学习库支持多样化范式，主要实现三大目标[①]：

- 高效利用资源训练数千个中小型模型。
- 高效处理大规模数据集的深度学习模型训练。
- 可扩展的海量数据批量推理能力。

Griffin 平台选用了开源统一计算框架 Ray[②]作为分布式训练底座。图 4.17 展示了分布式训练的架构设计，以及交互式和自动化模型开发的流程对比。值得注意的是，两种模式共享相同的后端组件，基于弹性 Kubernetes 部署的 Griffin 工作流控制面板和 Ray 集群。

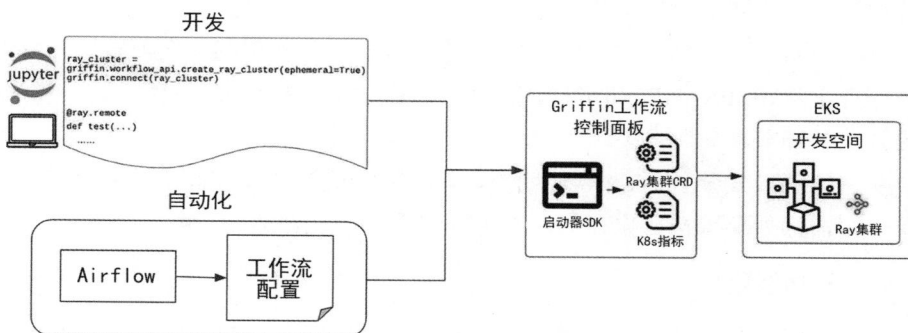

图 4.17　分布式训练架构（改编自博客《Griffin 工作流控制面板与 Ray 集群
在交互式和自动化训练中的应用》[17]）

4.6.2　开源

在 MLOps 生态中，最受欢迎且被广泛采用的开源项目是 MLflow。MLflow 专注于管理机器学习全生命周期，由 Databricks 团队于 2018 年创建，1.0 版本于 2019 年正式发布[③]。经

---

① How Instacart uses distributed Machine Learning to efficiently train thousands of models in production, www.instacart.com/company/how-its-made/distributed-machinelearning-at-instacart/

② Effortlessly Scale Your Most Complex Workload, www.ray.io/

③ MLflow 1.0 release, https://mlflow.org/category/news/index.html

过多年发展，MLflow 功能日趋完善，目前月下载量已突破千万[1]。截至本书撰写时，MLflow 2.7 版本已包含多项与大语言模型相关的实验性功能。

下文将概述 MLflow 的核心功能组件及其架构设计。

1. MLflow 概览

根据 MLflow 官方文档[2]，"MLflow 是一个灵活、可扩展的开源平台，用于管理机器学习生命周期中的工作流和产物。它内置了与主流机器学习库的集成能力，同时兼容任意算法库和部署工具。其模块化设计支持通过插件扩展新功能，满足多样化的工作流需求。"

虽然这段描述信息密度较高，但准确概括了 MLflow 的核心价值。需要说明的是，其中部分设计优势可能需要实际使用才能充分体会。

MLflow 自设计之初就秉持模块化理念，通过开放接口实现与开发流程的无缝对接。平台提供命令行工具、REST API 和可视化界面，深度支持实验追踪、模型封装、模型部署等机器学习开发各环节。

用户从官网获取安装包后，只需执行简单命令即可完成本地部署。对于企业级多团队协作场景，则需额外配置持久化存储，相关细节将在后文详述。

2. MLflow 功能组件

MLflow 2.7 版本包含五大生产级组件（如图 4.18 所示）和两大实验性组件。该平台采用渐进式采用策略，用户可根据需求自由选择功能模块。

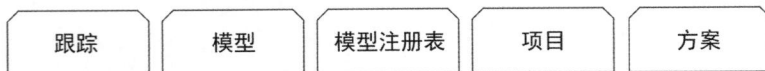

| 跟踪 | 模型 | 模型注册表 | 项目 | 方案 |

图 4.18　MLflow 五大生产级组件

其中，跟踪和模型注册表是数据科学家和算法工程师最常使用的核心组件。其余三个组件主要提供项目封装、模型管理和标准化工作流支持。在模型训练基础设施层面，跟踪与模型注册表尤为重要，其具体功能将在下文详解。

实验性组件则着眼于大语言模型时代的新需求：AI 网关作为统一接入层，可集中管理

[1]　10 MLflow Features to 10 Million Downloads, www.linuxfoundation.org/blog/10-mlflowfeatures-to-10-million-downloads

[2]　What is MLflow? https://mlflow.org/docs/latest/what-is-mlflow.html

OpenAI、Google、Cohere 等主流 LLM 提供商的访问;提示词工程界面则支持在完成网关部署后,实现跨平台提示词的统一测试与响应评估。

1)MLflow 跟踪

用户在评估是否采用 MLflow 时,通常首先接触的就是这个组件。它旨在满足模型探索和开发阶段对实验和元数据进行跟踪的需求,帮助数据科学家摆脱传统手动且容易出错的方法(如使用电子表格记录实验结果)。

该组件的核心概念是"运行"(run),运行可以按实验进行分组。每个运行可能简单到只需执行一段机器学习代码,也可能复杂到需要完成包含超参数调优的端到端模型训练。用户可以通过 API 记录代码版本、评估指标、输出文件以及其他相关工件等各类参数。

当数据科学家通过多次运行尝试不同超参数组合或特征集后,可以使用跟踪界面直观地可视化、搜索和比较同一实验中的不同运行结果,必要时还能下载运行数据。图 4.19 展示了标准的跟踪界面布局。

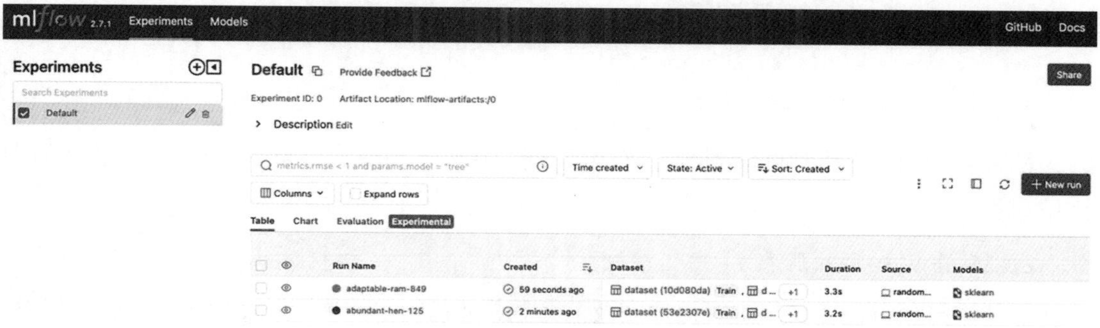

图 4.19 表格形式的 MLflow 跟踪界面

该组件最突出的功能是自动日志记录,该功能支持直接记录指标、参数和模型,不需要在训练代码中手动添加日志语句。目前原生支持 scikit-learn、Keras、PyTorch、XGBoost、LightGBM 等主流机器学习框架。代码清单 4-1 展示了从 MLflow 官网摘录的 scikit-learn 自动日志记录示例。

代码清单 4-1　　scikit-learn 自动日志记录示例

```
import mlflow
from sklearn.model_selection import train_test_split
from sklearn.datasets import load_diabetes
from sklearn.ensemble import RandomForestRegressor

mlflow.autolog()

db = load_diabetes()
X_train, X_test, y_train, y_test = train_test_split(db.data, db.target)

# 创建并训练模型
rf = RandomForestRegressor(n_estimators=100, max_depth=6, max_features=3)
rf.fit(X_train, y_train)

# 使用该模型对测试数据集进行预测
predictions = rf.predict(X_test)
autolog_run = mlflow.last_active_run()
```

图 4.20 的跟踪界面直观对比了使用不同 n_estimators 和 max_depth 参数组合的训练结果。

2）MLflow 模型注册表

模型注册表组件通过集中存储模型及其元数据（包括生成模型的实验信息、版本记录、注释说明和状态变更等），协助数据科学家和机器学习工程师协同管理模型生命周期。所有操作均可通过 API 或 Web 界面完成。

使用该组件的第一步是注册模型。每个注册模型都会获得唯一标识名称，并包含完整的元数据信息。如图 4.21 所示，MLflow 的运行详情页提供便捷的 Register Model（注册模型）按钮，支持一键式界面操作。

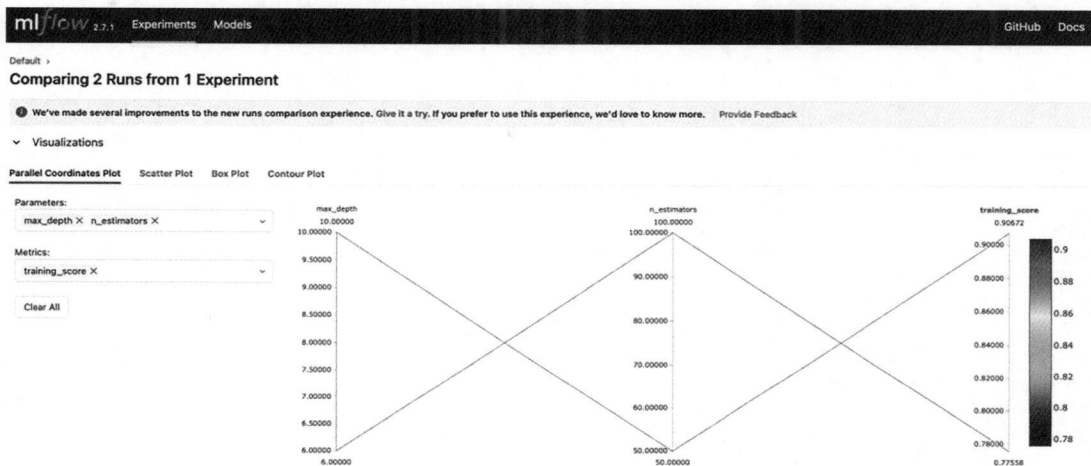

图 4.20　MLflow 跟踪界面对比不同参数（n_estimators 和 max_depth）的训练得分

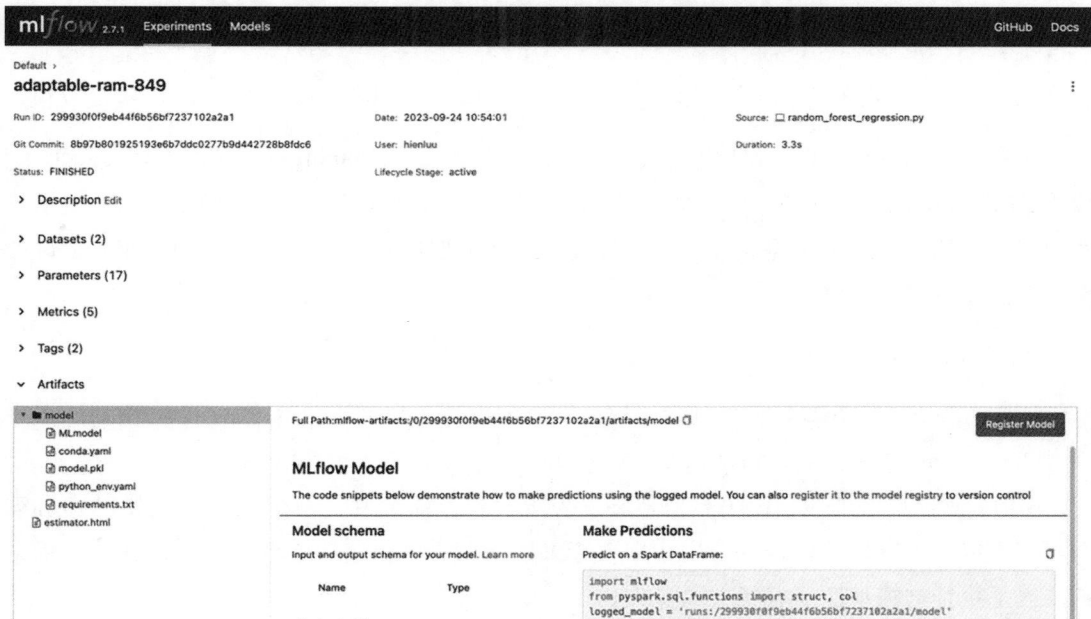

图 4.21　通过 MLflow 界面注册模型

数据科学家通常会为同一模型开发多个版本，不同版本采用略有差异的超参数组合。如图 4.22 所示，在模型注册表界面中可以清晰地查看某个模型的多个版本信息。

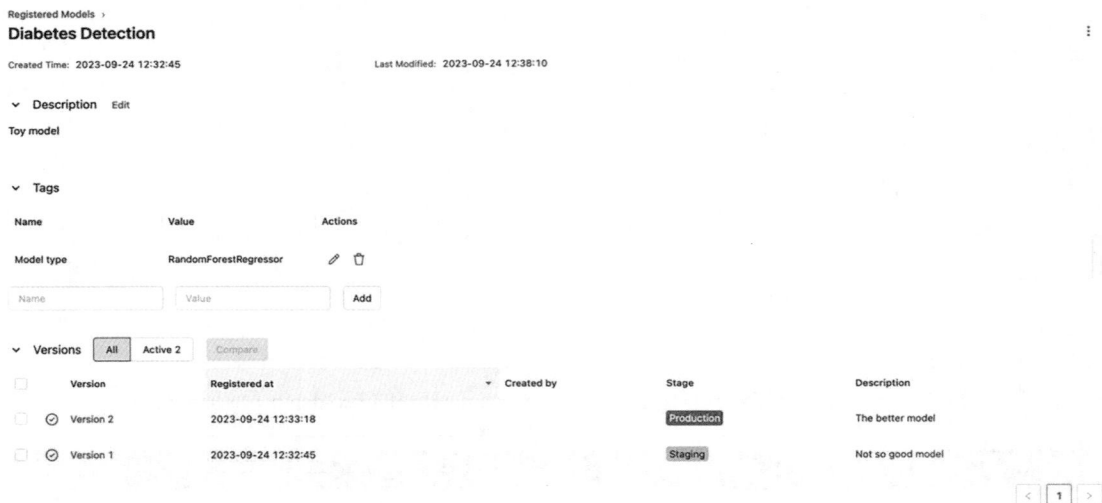

图 4.22　MLflow 模型注册表界面展示包含两个版本的注册模型

在生命周期管理方面，MLflow 提供预置的"预发布"（staging）、"生产"（production）和"归档"（archived）三个阶段。每个模型版本在同一时刻只能处于一个特定阶段，这意味着同一模型的不同版本不能共存于相同阶段。值得注意的是，目前社区正在 GitHub 上讨论增加自定义阶段的功能需求[①]。

3. MLflow 架构

如图 4.23 所示，MLflow 系统采用标准的三层架构，包含三个核心组件：MLflow 客户端（client）、跟踪服务器（tracking server）和后端存储（backend stores）。

MLflow 客户端通过 REST HTTP 协议与跟踪服务器交互。客户端可以是模型训练脚本，也可以是执行以下操作的应用程序：查询运行信息、更新实验数据、插入新的运行记录，或是执行与模型注册表相关的操作。

---

① Allow users to define custom stages for the model registry, https://github.com/mlflow/mlflow/issues/3686

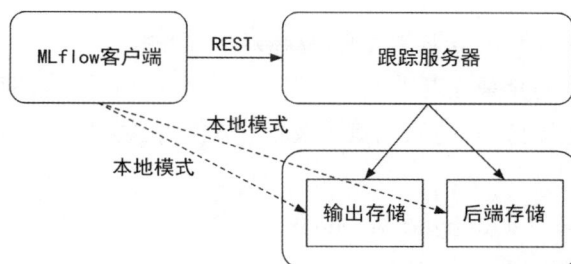

图 4.23　MLflow 系统逻辑架构中的三个主要组件

　　跟踪服务器作为 REST 服务运行，根据配置类型对后端存储和输出存储进行操作。在本地模式下使用时，MLflow 客户端会直接访问本地的输出存储和后端存储，不需要通过跟踪服务器。

　　MLflow 将实验运行的元数据、参数、指标等信息记录在后端存储中，该存储支持两种类型：文件存储和数据库存储。文件存储适用于个人用户或实验阶段，而生产环境建议使用 MySQL 或 PostgreSQL 等数据库进行持久化存储。输出存储用于保存模型文件、图像等非结构化数据输出，生产环境推荐采用 AWS S3、Azure Blob Storage 或 Google Cloud Storage 等分布式存储服务。

　　MLflow 跟踪组件提供了从个人用户到企业级组织的多种运行记录方案，具体配置选项详见官方文档①。

4.7　小结

　　模型训练基础设施是机器学习基础设施的第二个重要支柱，承担着 ML 模型开发、探索、训练、实验和验证等复杂流程。成功的机器学习项目关键在于数据科学家能够快速完成模型探索、实验和训练，这需要一套支持多样化活动的核心工具集，包括交互式开发环

①　How runs and artifacts are recorded, https://mlflow.org/docs/latest/tracking.html#how-runs-and-artifacts-are-recorded

境、实验跟踪、模型训练、模型生命周期管理等核心功能。

模型训练基础设施的复杂程度受多个因素驱动，包括机器学习应用场景的数量、数据科学团队规模、模型复杂度、训练数据量以及目标 MLOps 成熟度等级。其最低配置应包含以下组件：

- 交互式开发环境（如 Jupyter Notebook）。
- 实验与元数据跟踪系统。
- 模型训练平台。
- 模型管道编排工具。
- 模型注册表。

近年来，MLOps 工具领域涌现出大量创新方案，涵盖开源社区和厂商的解决方案。当前企业在组件选型上拥有丰富选择，虽然"自建与采购"的决策维度较以往清晰，但具体方案选型仍面临复杂性。对于倾向开源方案的企业，MLFlow 可作为实验跟踪和模型注册表需求的重点评估对象。

机器学习应用场景较少的企业（无论规模大小）建议优先采用厂商托管解决方案。当机器学习应用超过十个且成为产品开发的核心组成部分时，投资构建抽象层便具有战略价值——该抽象层能够封装来自开源方案、商业产品和内部自建的解决方案，既能为数据科学家提供统一体验，又可增强基础设施的可扩展性，为后续效率优化奠定技术基础。

当上述基础设施组件部署就绪后，达成 MLOps 二级[①]成熟度将更具可行性。该成熟度等级是致力于充分发挥机器学习效能的企业的核心目标。在此阶段，企业通过建立自动化 ML 管道，能够以最小人工干预完成模型重训练和部署，从而有效应对数据分布变化和业务环境变更带来的挑战。

---

① MLOps: Continuous delivery and automation pipelines in machine learning, https://cloud.google.com/architecture/mlops-continuous-delivery-and-automation-pipelinesin-machine-learning

5 chapter

第5章
模型推理基础设施

在 ML 领域流传着这样一句话："ML 项目的投资回报率始于模型投产之时。"这句话提醒我们，只有当训练好的模型真正部署到生产环境并持续发挥作用时，机器学习项目的价值才能充分显现。模型推理基础设施在此过程中扮演着关键角色，它使得 ML 模型能够融入组织的日常运营，例如预测客户流失、检测欺诈交易、实现个性化用户体验、提升产品服务质量等重要场景。

相较于 ML 平台中的其他组件，模型推理基础设施的架构复杂且庞大，不仅需要大量的软件工程投入，还要应对诸多技术挑战，尤其是当需要支撑大规模实时推理，以及同时管理企业内部多团队持续部署和实验的众多 ML 模型时。

> **注意** 模型推理与模型预测
>
> 模型推理和模型预测这两个术语常被混用，但其内涵存在细微差异。
>
> 模型推理是指使用训练完成的 ML 模型，对未见过的数据实施预测或决策的完整过程。
>
> 模型预测特指模型输出的结果形式，可能是概率值、分类标签等具体输出内容。
>
> 简而言之，模型推理强调使用模型进行预测的全流程，而模型预测侧重模型最终产生的输出结果。

模型推理基础设施的核心使命，就是为经过验证的模型提供运行环境，使其能够对新数据进行推理并生成预测结果（无论是分类还是回归任务）。这是机器学习开发生命周期中的关键阶段，标志着训练完成的模型正式投入生产环境执行推理任务。

当前主流的模型推理范式分为两种，即离线推理和在线推理，满足不同模型推理场景的需求。离线推理基于批量数据生成预测，适用于非实时场景。在线推理用于实时处理请求，生成预测，广泛应用于需要即时反馈的业务场景（如电影推荐、欺诈检测、送达时间预测等）。这类场景对推理系统提出严格要求，必须保证低延迟和高可靠性。

本章首先解析支持上述两种推理范式的服务架构设计，接着深入探讨构建高扩展性、高可靠性和高效率系统的关键技术决策，重点解决大规模在线推理和海量异构模型的管理难题。最后，本章介绍若干适用于搭建模型推理基础设施的开源项目，并解析知名企业在实际业务中采用的解决方案，为读者提供实践参考。

5.1　概述

模型推理基础设施是将 ML 模型快速且轻松地投入生产环境的核心支撑。将模型投入生产并最终实现模型推理的过程包含多个关键步骤：模型部署、模型准备、模型推理、模型监控和模型退役。以下是各个步骤的概要说明：

- 模型部署阶段主要完成训练模型的标准化封装，将其与必要的运行时配置、元数据进行打包，然后传输到模型注册表，最后触发持续交付管道执行实际部署。
- 模型准备阶段从模型注册表中获取模型部署包，并将其加载到模型推理系统中完成运行准备。
- 模型推理阶段负责处理客户端的模型推理请求，通过提取必要特征并输入对应 ML 模型中，最终生成预测结果。
- 模型监控阶段需完整记录 ML 模型的性能指标和服务系统的运维指标，这些数据将用于问题排查和服务性能优化。

- 模型退役阶段将停止处理目标模型的推理请求，并将相关部署包从服务系统迁移至模型注册表进行归档存储。

需要特别说明的是，上述描述仅涵盖通用流程中的核心环节，具体实现细节会因模型类型、服务基础设施架构以及组织的管理规范而有所差异。

对于小型初创公司或仅有少量简单 ML 用例的企业，利用云服务商提供的解决方案满足其模型推理基础设施需求（即使不是全部）可能是更明智的选择。对于其他组织，在决定逐步投入资源构建模型推理基础设施（结合使用开源方案、自建系统或商业解决方案）时，应重点考量以下因素：

- 扩展需求：当机器学习用例数量持续增加并达到两位数规模时。
- 实时推理：当大多数机器学习应用需要实时推理能力时。
- 应用广度：当机器学习逐渐成为产品体系的核心组成部分时。
- 商业价值：当机器学习对企业运营产生显著影响时。

完善的模型推理基础设施将随时间推移持续产生叠加效益。该基础设施通常能带来以下核心优势：

- 加速投产进程：提供模型部署和推理所需的通用基础设施及工具链，使团队能快速高效地将 ML 模型投入生产环境。
- 简化集成流程：通过标准化 API 和客户端库，方便产品研发团队将模型推理服务无缝集成到应用程序、微服务或业务系统中。
- 弹性扩展能力：基于 Kubernetes 构建的无状态服务架构，可通过水平扩展轻松应对大规模推理任务，使团队无须过度关注算力限制。
- 可靠性与高可用性：采用负载均衡、冗余部署等机制确保服务可靠性，为依赖模型预测进行实时决策的关键业务提供持续可用的推理能力。

接下来的章节将深入解析模型推理基础设施的组成模块、扩展性挑战、工程技术决策要点及最佳实践。这些内容特别适用于对推理服务的扩展能力、可靠性和低延迟有严格要求的应用场景。

5.2 架构

高效的模型推理基础设施必须包含若干核心组件和最佳实践，才能实现前文所述的各项优势。

与大多数系统架构类似，不存在能满足所有需求的完美方案。在某家公司运行良好的架构，未必适用于另一家公司，因为系统架构会受具体需求、运行环境及多方权衡的深刻影响。

设计典型模型推理基础设施时，需要权衡以下关键因素：

- 灵活性。基础设施对模型预测预处理和后处理的支持能力。灵活性意味着支持在基础设施内执行用户自定义代码，但可能引发性能问题、运维复杂度提升、依赖冲突等连锁挑战。
- 模型上线策略。新模型或现有模型的后续版本投入生产时，需要设置防护机制来规避意外问题。两种主流部署策略分别是影子部署和金丝雀部署。
- 效率因素。当需要支持大量机器学习用例和模型时，计算资源、内存及网络带宽的使用效率至关重要。这些效率指标直接影响运营成本，并会决定采用"单模型专用端点"还是"多模型通用端点"的架构方案。
- 延迟因素。模型推理延迟主要受模型体积、复杂度及输入特征数量影响。广告定向、电商个性化推荐等场景要求延迟低于 100ms，这往往需要组合应用多种优化技术。
- 可扩展性与可靠性。这两项指标直接决定生产环境中模型的性能和可用性，是基础设施成功的关键。必须确保系统能够无缝扩展以承载增长的任务，在保持高可用性的同时持续提供可靠的预测服务。

> **注意** 影子部署 vs 金丝雀部署
>
> 影子部署通过让新模型与现有模型并行运行（但不输出预测结果），用于评估新模型在生产环境的表现。

　　金丝雀部署则是先向小部分用户开放新模型，验证效果后再全量发布，以此控制潜在风险的影响范围。

　　这两种策略都能有效降低模型上线风险，具体选择取决于模型特性和团队需求。

　　这些设计考量构成连续的调节区间，就像调节音量旋钮。我们可以根据实际需求选择合适的平衡点。但需注意，越趋近区间最大值（如极致性能或灵活性），架构会变得越复杂，需要更多资源投入并可能延长实现周期。

　　从工程实现角度来看，典型模型推理基础设施的核心组件较少（如图 5.1 所示），但需要与众多外部系统和基础设施协同工作，才能完成端到端的推理请求处理。当需要大规模运营数百个模型及其变体时，相关的运维管理工作将变得极具挑战。

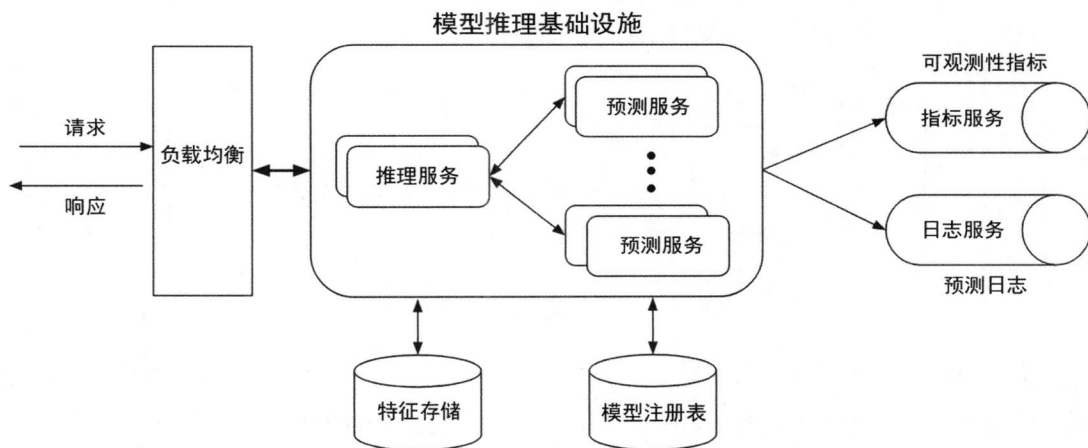

图 5.1　模型推理基础设施架构

　　在深入探讨模型推理基础设施的核心组件之前，我们先解析图 5.1 中的周边组件与基础设施的辅助功能。

5.2.1　特征存储

　　对于同时开展离线和在线机器学习应用的企业，通常会将特征存储在离线特征存储和在线特征存储两个系统中。模型推理基础设施主要面向在线机器学习场景，因此在推理过程中会从在线特征存储获取特征。这就要求在线特征存储必须提供亚秒级（通常在 1s 以内）的低延迟访问能力。这种性能要求促使企业选择键值型或 NoSQL 数据库（如 Apache Cassandra、Redis 和 Amazon DynamoDB）作为特征存储方案。

为保证特征数据的时效性，系统会以高效可靠的方式，将每日或每小时生成的特征更新至在线特征存储。

5.2.2　模型注册表

如图 5.2 所示，模型注册表在服务基础设施中承担着关键职能，负责测试准备投产的模型，同时提供 ML 模型制品及模型配置。

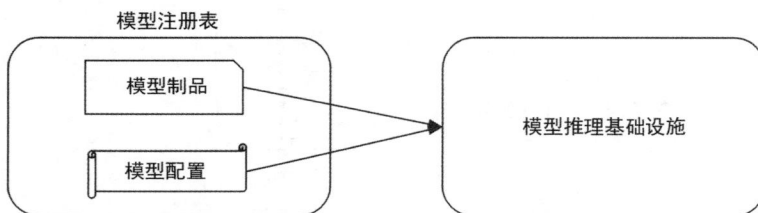

图 5.2　提供 ML 模型制品和模型配置的模型注册表

模型制品是训练完成的 ML 模型，以二进制格式存储。其关联的模型配置包含关键元数据和部署配置。标准元数据包括唯一模型标识符、模型输入特征及其类型、模型类型等信息。部署配置则定义模型部署选项，包括发布策略、流量分配比例、日志设置等关键参数。

在模型部署流程中，当模型就绪可投入生产环境时，模型推理基础设施会收到相应的部署通知。

5.2.3　指标服务

要有效管理和运维大规模模型推理基础设施，必须全面掌握各项运行指标。这些指标包括推理延迟、CPU/内存使用率、网络带宽、请求速率、错误率等核心维度。

与常规微服务架构类似，模型推理基础设施需要依赖指标服务提供的完整支持体系，包括指标采集、存储、可视化等核心功能。

通过分析这些关键运行指标，运维团队能够快速定位问题，确保模型推理基础设施在满足模型推理业务需求的同时，保持可扩展性和可靠性。

5.2.4　日志服务

记录模型预测结果是模型推理流程的重要环节，必须预先规划而非事后补做。这些日志在机器学习和 MLOps 领域具有多重价值，其作用远不止于审计追溯。

每条预测日志通常包含许多核心信息，包括模型标识符、输入特征值、预测结果、置信度分数、时间戳、请求 ID、用户 ID、运行环境，以及其他有助于调试或审计的上下文信息。

使用预测日志，不仅仅是为了了解预测结果使用了哪些模型和特征。预测日志的价值主要体现在以下方面：

- 模型性能监控。实时监控模型性能是及时发现性能衰退的关键。通过对比预测结果与实际结果，或检测预测分布偏移，日志系统为模型健康度提供重要依据。

- 模型评估。评估模型效果所需的准确率、精确率、召回率、F1 值等指标，都需要基于预测日志中的记录数据进行计算。

- 可解释性分析。对于需要解释预测结果的场景，完整的预测日志及上下文信息是进行可解释性分析的基础。

- 合规要求。在金融、医疗等强监管领域，保留预测日志是满足数据隐私和行业法规的重要合规手段。

- 迭代优化。通过分析生产环境中的特征表现和模型行为，数据科学家可以更科学地决策模型重训练策略，持续优化后续版本的表现。

从工程实现角度来看，预测日志通常接入基础设施团队提供的统一日志服务。机器学习团队与 MLOps 团队需要协商的核心矛盾点在于：如何在日志保留量（直接影响存储成本）

与业务需求之间找到最佳平衡点。

当日志数据持久化到数据仓库或数据湖后，系统会对各类指标进行计算和聚合。这使得机器学习团队既可以通过使用可视化看板或直接使用 SQL 查询，便捷地进行数据分析和洞察挖掘。

5.2.5 推理服务

推理服务负责以可扩展、可靠、高效且低延迟的方式处理来自一个或多个客户端的推理请求。该服务通过称为服务端点的协议向客户端提供服务，该协议明确定义了请求和响应的数据结构与格式。关于服务端点的详细说明将在下文展开。

该服务通常采用微服务架构模式构建，并部署在 Kubernetes 可扩展容器编排平台上。根据实际需求（如请求速率、延迟要求、模型复杂度、特征数量等），其架构设计既可以简单到单个 REST 服务器，也可以复杂到由数百个节点组成的 Kubernetes 集群。

现代推理服务通常具备的核心功能包括服务端点、推理请求批处理、特征获取、模型预测、预测日志记录等。接下来我们将重点探讨其中几个关键功能。

1. 服务端点

设计推理服务时，服务端点（也称服务 API）的确定是核心决策之一。这个端点在客户端与服务之间建立了明确的通信契约。微服务领域已有诸多关于服务端点设计的最佳实践，我们在设计时应当充分借鉴这些经验。

通用性是设计服务端点时需要重点考量的维度。当系统仅需支持少量模型时，通用性并不重要；但当需要支持持续增长的模型数量（20 至数百个）时，它就变得至关重要。我们推荐采用前瞻性设计的最佳实践：构建统一的通用服务端点，使其能够处理所有模型的推理请求。这种做法不仅能大幅降低客户端的集成成本，还能显著加速模型部署的全流程。当然，这种设计需要权衡——推理请求和响应负载必须具备足够的灵活性，以适应不同模型在特征数量、数据类型、结构设计以及必选/可选属性等方面的差异。

通信协议的选择是另一个关键设计考量。当请求速率较低（每秒数千次以下请求）时，协议选型的影响较小。但在高并发场景（每秒数十万至数百万次请求）且延迟要求严格（500 ms 以内）时，协议选择就变得至关重要。

2. 推理请求批处理

在理想化场景中，客户端发送单个推理请求，服务端接收后执行预测并返回结果，整个过程简单直接。

但在电子商务推荐、网约车调度、外卖配送等真实业务场景中，平台每日需要服务数百万用户，这意味着每小时需处理数十亿次推理请求。要优化推理延迟和吞吐量，请求批处理是重要技术手段。

常见的批处理策略分为客户端批处理和服务端批处理两类。客户端批处理策略要求客户端将多个推理请求打包成单个网络请求发送，而非逐条发送。这种策略特别适用于需要高频发送请求的客户端，例如某个用户交互需要生成数十至数百个预测结果的场景。服务端批处理策略则由服务端主动聚合来自不同客户端的多个请求，在客户端无感知的情况下进行批量处理。这种方案尤其适合存在大量客户端（每个客户端仅产生少量请求）的业务场景。

为实现客户端批处理功能，推理请求负载的设计必须足够灵活，既要支持批量请求的打包发送，也要兼容单个请求的独立处理。

3. 模型加载与卸载

与软件类似，ML 模型存在多个版本是常见现象。新模型的创建频率因场景而异，版本迭代可能源于多种因素，例如基于新问题认知的模型改进、适应数据/业务规则变化的优化、满足合规性调整等需求。随着推理服务需要支持的模型数量持续增长，单日多次模型部署将成为常态。

从宏观层面看，模型加载是将新模型导入服务以便执行预测的过程，这是模型部署流程的关键环节。常见加载方法包括：

- 批量加载法。在服务启动时一次性加载所有指定模型。该方法意味着每次模型更新都需要服务重启或重新部署，适合模型数量较少且更新频率低的场景，是三种方法中最简单的实现方案。

- 按需加载法。通过动态加载机制处理新模型或更新模型，需要配合轮询机制检测模型更新。适用于模型规模庞大或更新频繁的场景，能有效降低服务重启频率。
- 混合加载法。结合前两种方法的优势，适用于频繁变更与非频繁变更模型共存的场景。在架构设计上平衡了简单性与灵活性。

虽然模型加载看似辅助性功能，但良好的设计能显著提升模型投产效率，实现无缝切换。

模型卸载通常在模型完成生命周期时执行，根据采用的加载策略，系统会采用对应的驱逐机制来释放资源。

4. 特征获取

作为模型推理的关键步骤，特征获取的设计直接影响推理延迟。

在模型预测过程中，经过训练的 ML 模型会获取输入特征，应用所学到的模式，然后生成预测结果。在线推理场景中存在三种特征处理模式：

- 客户端全量推送：由客户端提供全部输入特征。
- 服务端主动获取：推理服务从特征存储库提取所需特征。
- 混合模式：客户端提供部分特征，服务端补充剩余部分。

混合模式在需要实时计算用户行为特征等场景中优势显著。此外，服务端特征获取机制支持跨 ML 用例的特征缓存，能有效提升系统整体性能。

5. 模型预测

当特征就绪且模型加载完成后，系统进入预测生成阶段。该过程将输入特征馈入模型，通过模型计算获得预测结果。

最佳实践建议将预测逻辑封装为可复用组件库，该库可支持在线预测、批量预测等多种应用场景。

在设计时需要考虑的一个因素是，实际的预测生成是在推理服务内部本地进行，还是在通常被称为预测服务的单独的远程服务中进行。如果倾向于本地执行，直接对预测库进行进程内调用就足够了。相反，如果选择远程执行，推理服务将对预测服务进行远程调用，这一点将在下面进行讨论。

6. 预测日志记录

预测日志记录是指记录并存储 ML 模型在推理过程中产生的预测信息。这些信息包括输入特征及其取值、预测结果、置信度分数、模型 ID、模型版本、特征获取延迟、预测延迟、时间戳等关键数据。这些记录的信息对于监控模型性能、调试异常行为、分析预测影响因素、满足合规性要求以及构建训练数据反馈闭环等场景具有重要价值。

正是基于这些需求，数据科学家通常会要求完整记录所有预测结果。当预测日志量较小时，这种要求很容易实现。但在日均预测量达到数十亿条的高并发场景下，全量日志记录不仅会给基础设施带来巨大压力，还会显著增加运营成本。

因此，模型推理服务应当支持将日志采样比例作为模型部署元数据的一部分。这种设计使得模型推理的各参与方能够灵活调整日志量，既能满足模型全生命周期中对预测日志的需求，又能有效控制日志存储成本。

7. 预测服务

预测服务的核心功能是通过接收输入特征集执行模型推理，并返回预测结果。该服务通常以容器形式部署，预装包括特定版本机器学习库在内的运行环境，确保模型能够正确载入内存并随时响应预测请求。

在设计企业级预测服务时，需要重点考虑以下维度以支持多样化的机器学习应用场景。

1）机器学习框架

基于树的模型和深度学习模型是实际业务中最常用的两类算法，广泛应用于欺诈检测、邮件情感分析、个性化推荐等场景。这两类模型通常使用以下主流框架进行训练：

● 基于树的模型：Scikit-Learn、XGBoost 和 LightGBM。

● 深度学习模型：TensorFlow 和 PyTorch。

预测服务的架构复杂度与组织对 ML 团队的框架支持策略密切相关。既可以允许团队自由选用任何机器学习框架，也可以限定只能使用预审批准的技术栈。前者虽然灵活性高，但从工程维护角度考虑，后者显然更易于实现长期稳定的服务支持。

2）成本效益

当需要同时服务成百上千个模型时，成本控制尤为重要。其中关键指标是计算资源利用率，即确保分配的 CPU/GPU 资源能够保持高负荷运转。

图 5.3 展示了两种典型的模型部置方法。在模型数量较少时，单容器单模型的方法具有显著优势，既能实现模型间的完全隔离（避免异常模型影响其他服务），又能兼容不同版本的机器学习框架（例如同时支持 PyTorch 1.x 和 2.x）。但这种方法的缺点是容易因预测请求量波动造成资源闲置，特别是在处理低吞吐量模型时，CPU 利用率可能长期处于低位。

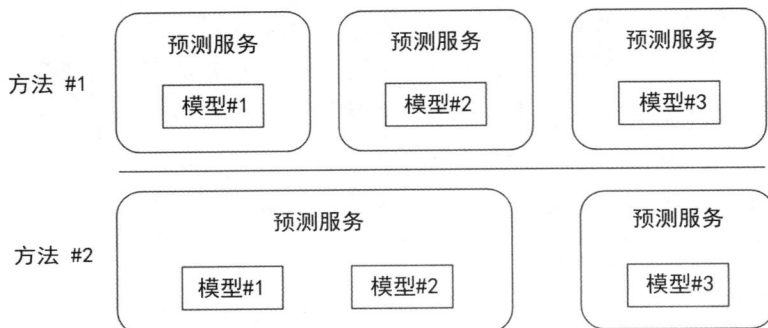

图 5.3　模型部置方法

在单个预测服务容器中运行多个模型有助于提升计算资源利用率，但这种方法也存在潜在的资源争抢问题需要权衡。当某个模型因预测请求量过大或结构复杂而霸占 CPU 资源时，其他模型可能因 CPU 资源匮乏而无法正常运行。此外，若这些模型依赖多个特定版本的库文件，管理依赖关系及其版本冲突将面临挑战。

混合部署方法常见于拥有数百至数千个模型的企业机构。该方法综合了前两种方法的优势，同时缓解了各自的缺陷，但需要更多人力投入实施和维护。以 Salesforce 为例[①]，这家拥有数千模型的企业出于严格的数据隐私要求，为其每位客户单独训练专属模型。

3）预测预处理与后处理

预测预处理通过对输入特征进行格式转换和数值调整，使 ML 模型能更准确地生成预测结果。这一步骤主要服务于提升预测的准确性、可靠性和泛化能力，典型应用场景包括：

- 图像识别：输入图像常需进行尺寸调整或标准化处理，便于模型准确识别/分类目标物体。

---

① Manoj Agarwal, Serving ML Models at a High Scale with Low Latency, 2021, www.youtube.com/watch?v=J36xHc05z-M

- 自然语言处理：原始文本需经过词元化（tokenization）、词干提取（stemming）等预处理步骤，确保文本表示一致性以提升模型预测能力。
- 欺诈检测：数值型与分类型数据的组合常需进行缺失值填补、分类型变量编码等转换，标准化后的特征格式能帮助模型更有效识别欺诈行为特征。

预测后处理主要用于优化和转化原始预测结果，使其适配具体业务场景。常见后处理场景包括：

- 阈值设定：分类任务中的预测置信度需通过阈值划分确定最终类别标签。
- 模型集成：通过投票、加权平均等方法融合多个模型的预测结果，提升整体准确率。

在推理服务中支持自定义的预处理/后处理逻辑（或二者兼有），需要执行模型开发者提供的定制代码。从软件工程视角看，这种灵活性会带来系统复杂性和可维护性问题，可能增加预测错误诊断和延迟问题定位的难度。

5.2.6　预测步骤设计选项

在生成实际预测结果的过程中，预测步骤是推理过程的核心环节，在处理复杂 ML 模型时可能涉及大量计算。设计模型推理架构时，关键决策点在于将预测步骤嵌入推理服务内部，还是让它作为独立服务部署。这一决策应综合考量预测步骤复杂度、系统扩展性需求、性能要求以及架构灵活性等因素。以下我们将具体探讨两种方案的优劣。

1. 嵌入式预测步骤

简而言之，图 5.4 展示了这种设计选择的具体实现形式。在软件设计中，我们通常遵循的建议是"保持简洁或从简入手"。接下来，我们将逐一分析这种方法的优缺点。

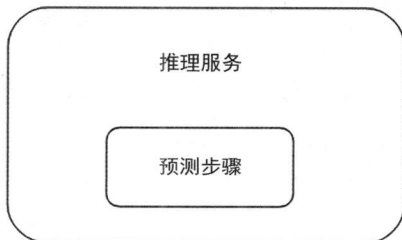

图 5.4　预测步骤位于推理服务内部

嵌入式预测的优势包括：

● 简单高效：由于整体组件数量减少，这种方法能简化架构设计，更易于理解。当预测步骤与推理服务运行在同一进程中时，可以通过减少交互开销来提升性能并降低延迟。

● 控制便捷：通常来说，控制同一进程内的步骤比控制远程步骤容易得多。除了能实现更高效的数据传输和更精细的预测过程控制外，推理服务还能更轻松地处理错误情况，并提供更多性能优化选项。

● 部署简单：管理单个服务的部署明显比管理两个服务的部署要简单。需要维护的构建产物更少，协调工作更简单，潜在的兼容性问题也更少。这对于部署资源有限的小型团队尤为有利。

劣势包括：

● 可扩展性限制：模型预测步骤通常需要大量计算资源或内存（尤其是在大型模型场景中）。在这种情况下，一个独立服务可以独立于推理服务进行扩展，从而实现更高效的资源利用和分配。

● 复用性受限：如果预测逻辑没有正确抽象，可能会影响其在批量预测等其他场景中的复用能力。

2. 远程预测步骤

远程预测步骤方案建议将模型预测职责完全交由独立服务处理，如图 5.5 所示。在分布式系统设计中，关注点分离（separation of concern）原则要求将系统划分为处理特定职责的独立组件。将预测步骤设计为独立服务正是遵循这一原则。但需注意"天下没有免费的午餐"[①]这一理念，接下来我们将具体分析这种方案的优缺点。

远程预测的优势包括：

● 可扩展性灵活性：独立的预测服务对计算密集型模型或者预测流量波动或突增的场景特别有益，因为我们可以单独扩展该服务。

---

① David H. Wolpert and William G. Macready, "No free lunch theorems for optimization," 1997, https://ieeexplore.ieee.org/document/585893

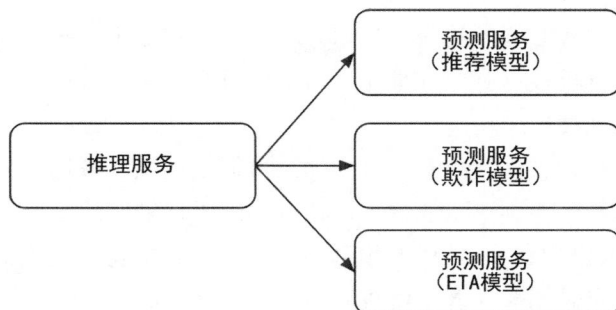

图 5.5　预测步骤位于预测服务内部

- 模块化改进：该优势源于关注点分离原则。模块化带来的两大核心价值是支持独立开发团队和更易测试。

劣势包括：

- 复杂度增加：额外组件会增加系统复杂度是普遍共识。引入独立的预测服务会增加模型推理架构的整体复杂度，具体表现为部署维护成本增加、服务间通信开销上升。
- 性能开销：大负载的远程调用会引入推理延迟。对延迟敏感的应用场景而言，若没有缓存等优化措施，这个缺陷可能成为关键瓶颈。

是否将模型预测嵌入推理服务或采用独立预测服务，取决于具体用例需求和约束条件。对于需要高可扩展性、模块化、复杂大模型且预测流量波动的场景，独立预测服务更具优势。对于模型数量少、预测流量低、追求架构简洁且团队规模较小的场景，将预测功能嵌入推理服务是更合理的初始设计选择。

新建模型推理系统时，推荐先采用预测嵌入推理服务的架构，待可扩展性、可靠性需求提升或需要支持复杂大模型时，再演进为独立预测服务架构。Reddit[1]的模型推理架构正是按此路径演进的典型案例，我们将在 5.3 节的案例研究中详细探讨。

3. 离线推理

前文主要聚焦于在线推理的基础设施建设，但完整的模型推理系统必须包含离线推理

---

[1]　Garrett Hoffman, Evolving Reddit's ML Model Deployment and Serving Architecture, 2021, www.reddit.com/r/RedditEng/comments/q14tsw/evolving_reddits_ml_model_deployment_and_serving/

能力，因为它在最大化 ML 模型投资回报率方面具有关键作用。某些需要批量生成预测的机器学习场景，要求基础设施具备标准化、可扩展且高效的离线推理能力。本节将先分析典型应用场景，再深入技术架构。

离线推理，又称批量推理，指基于批次输入数据定期生成海量预测的过程。与实时处理单个数据点的在线推理不同，离线推理可通过临时手动触发或工作流调度系统定期执行（基于时间周期或新数据到达）。生成的预测通常存储于数据仓库或数据湖，供后续分析或其他业务流程使用，有时也会导入键值数据库供线上服务调用。

典型应用场景包括：

- 客户流失预测：电信运营商、Netflix 等订阅服务商，需要为其数百万乃至上亿用户预测流失风险。离线推理生成的预测结果可帮助制定客户保留策略。
- 能耗预测：能源公司利用历史数据、消费模式和天气条件，预测未来能源需求走势。
- 营销活动优化：基于历史客户行为和活动效果数据，预测营销活动效果以提升商业价值。
- 卫星影像分析：政府部门和企业通过分析海量卫星图像，监测土地利用变化、森林砍伐和作物生长状况。

这些跨行业案例表明，离线推理需要高效处理代表历史数据的大批次输入。强大的离线推理基础设施应具备的能力包括支持临时或定期触发的大规模预测生成、高效处理海量数据。其核心组件包括工作流调度系统和分布式处理引擎。

强大的离线推理基础设施应能够从大型数据集中生成大量预测结果，可按需触发或按计划触发，并且要以高效的方式完成。为满足这些要求，此类基础设施的核心组件包括工作流调度系统（工作流调度器）和分布式处理引擎。图 5.6 展示了离线推理基础设施的高层设计，其中实现高吞吐量的关键组件是分布式处理引擎。

Apache Spark 或 Ray 等分布式处理引擎非常适合在具备强大计算资源的节点集群上分发离线推理任务。这种方法既能加速预测生成，又能确保高吞吐量。

扩展离线推理通常会面临诸多挑战。博客[①]概述了关键挑战，并对离线图像分类推理的三种不同解决方案进行了对比分析。

---

① Amog Kamsetty, Eric Liang, Jules S. Damji, Offline Batch Inference: Comparing Ray, Apache Spark, and SageMaker, 2023, www.anyscale.com/blog/offline-batch-inferencecomparing-ray-apache-spark-and-sagemaker

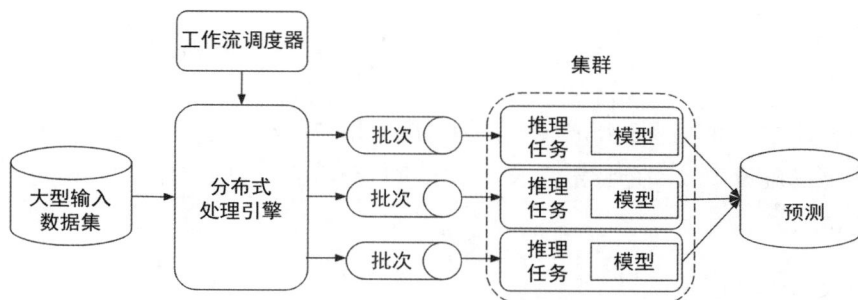

图 5.6　离线推理架构

5.3　案例研究

模型推理基础设施是实现机器学习项目投资回报率的关键支撑。其所需复杂度取决于多个因素，包括当前及未来模型数量、在线与离线推理用例的比例、模型推理请求量及延迟要求，以及模型的复杂程度。

对于初创公司或刚起步应用机器学习的组织，建议以最小化工作量构建简单版的模型推理基础设施。初期阶段，模型部署可能无须完全自动化，同时应尽可能利用开源社区组件和云服务商提供的资源。

当组织发展到中型规模且模型数量持续增长时，可扩展性、可靠性和效率将变得至关重要。此时应投入资源以构建具备适当复杂度的基础设施，重点满足扩展性、可靠性、自动化程度等核心需求，使模型部署如同微服务部署般简单。建议综合运用云服务商、MLOps供应商、开源项目和内部技术解决方案。

5.3.1 节将详解两个企业案例（网约车平台 Lyft 和社交论坛 Reddit）如何构建并演进其模型推理基础设施，并总结相关实践经验。

5.3.2 节将深入探讨构建新型模型推理基础设施时可参考的流行开源解决方案。

5.3.1 自建

那些将机器学习深度整合到产品中、拥有庞大用户基群且运营超五年的企业，通常会自主开发模型基础设施以满足特定需求。本节重点分析两个典型案例：Lyft 网约车平台和 Reddit 社交论坛的实践。

1. LyftLearn Serving

Lyft 网约车平台每天通过 ML 模型做出数亿次实时决策，涵盖动态定价优化、订单分配优化、预计到达时间预测、欺诈检测等场景。

这些机器学习应用需要大规模的在线推理支持。为应对传统模型推理架构的限制，Lyft 机器学习平台团队通过 LyftLearn Serving[①]实现了架构优化。

LyftLearn Serving 是秉持特定设计理念的基础设施，其特性包括健壮性、高性能和去中心化，能够满足图 5.7 所列的各项核心要求。

操作区域（范围）		
RPS	1	10^7
延迟	1ms	数秒
模型大小	KB	GB级大小
所有权	中央	完全分布式
模型更新	秒级	数月
支持的库	编号列表	完全自由

图 5.7　LyftLearn 推理需求（条形宽度表示大致范围）

在 LyftLearn Serving 的众多关键设计决策中，有两个特别值得深入研究和借鉴：推理库与分布式所有权。

LyftLearn Serving 的核心是一个提供模型部署和服务基础设施通常所需核心功能的库。

---

① Hakan Baba, Mihir Mathur, Powering Millions of Real-Time Decisions with LyftLearn Serving, 2023, https://eng.lyft.com/powering-millions-of-real-time-decisions-with-lyftlearnserving-9bb1f73318dc

该库包含模型加载与卸载、模型版本控制、影子模型、推理请求处理、模型监控、模型日志记录等功能模块。其模块化设计实现了与微服务架构的无缝集成。

此外，该库为模型加载和推理提供了抽象层，通过实现这些抽象可以轻松注入自定义代码来满足特定用例需求。这种灵活性使 LyftLearn Serving 库能够有效适应 Lyft 各团队的不同特殊需求。在机器学习框架方面，只要框架提供 Python 接口，LyftLearn Serving 对其没有任何限制。图 5.8 展示了推理请求流程，并标注了其中执行自定义代码的具体环节。

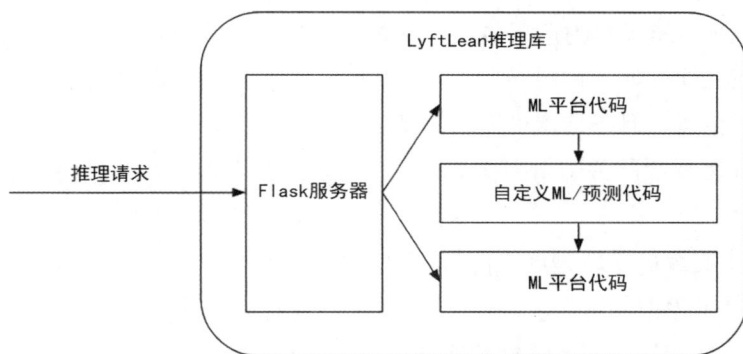

图 5.8　LyftLearn 服务推理请求

LyftLearn Serving 的核心设计理念之一是实现去中心化的 ML 模型部署和服务方法。这种去中心化方法为 Lyft 的各个团队提供了必要的隔离性，使他们能够按照自己的节奏推进工作，并灵活使用符合特定需求的机器学习库及版本。由于 LyftLearn Serving 本质上是函数库集合而非服务，各团队独立的模型推理系统可以轻松集成这些库。这种基于函数库的模型部署和服务方式，正是实现 ML 模型去中心化部署与服务的核心机制。

LyftLearn Serving 采用的具体隔离机制是在 GitHub 代码仓库层面，这种方式明确了代码所有权和系统边界。具体来说，Lyft 的每个团队都会创建独立的代码仓库，并通过这些仓库集成所需的 LyftLearn Serving 函数库。

简而言之，LyftLearn Serving 的两大核心设计原则可总结为"模型推理即函数库"和"分布式所有权模型推理"。这两个原则相辅相成，前者提供最大程度的灵活性，后者确保系统的隔离性。这种设计使得各团队能够自主选择机器学习工具链，并根据实际需求灵活调整模型推理的迭代节奏。

2. Reddit 模型推理架构演进

作为全球知名的社交新闻聚合与讨论平台，Reddit 的机器学习应用场景涵盖个性化推荐信息流、广告定向投放、搜索发现系统、异常检测等多个领域。

Lyft 和 Reddit 在模型推理架构的演进路径上具有诸多相似之处。在机器学习应用规模较小的发展初期，两者的初始架构设计都能满足需求。但随着 Reddit 的业务发展——用户基数持续增长、平台机器学习应用场景不断扩展、技术社区日益壮大且模型复杂度逐步提升，原有架构在性能表现、扩展能力、可维护性和可靠性等方面的局限性逐渐显现。尽管两家的演进目标相似，但在具体实施路径和技术选型上却各有特点。

根据 Reddit 工程团队关于新架构 Gazette 的技术博客[①]所述，其模型推理基础设施现代化的核心目标包括：

- 提升系统的可扩展性、可靠性与可观测性。
- 支持更复杂模型的部署。
- 增强模型性能优化的灵活性和实施能力。
- 优化开发者体验。

首个重大架构改进是将推理请求处理、特征获取和模型预测这三个功能模块拆分为两个独立服务（详见图 5.9）。这种架构分离实现了任务的类型化处理：将 I/O 密集型（特征获取）和计算密集型（模型预测）任务分别部署于独立服务，使得两者能够根据资源需求独立扩展，从而有效达成系统可扩展性和可靠性提升的核心目标。

第一个服务名为 Gazette 推理服务，基于 Golang 的 Web 服务框架构建，负责处理来自不同客户端的机器学习推理请求。该服务设有统一的通用端点，所有客户端都会向该端点发送请求，并附带模型名称和版本等元数据。当接收到请求后，该服务会从特征存储中获取所需数据，然后将实际的预测请求路由至第二个服务。得益于 Go 语言在并发处理方面的优势，这项新服务的整体性能更优。

---

① Garrett Hoffman, Evolving Reddit's ML Model Deployment and Serving Architecture, 2023, www.reddit.com/r/RedditEng/comments/q14tsw/evolving_reddits_ml_model_deployment_and_serving/

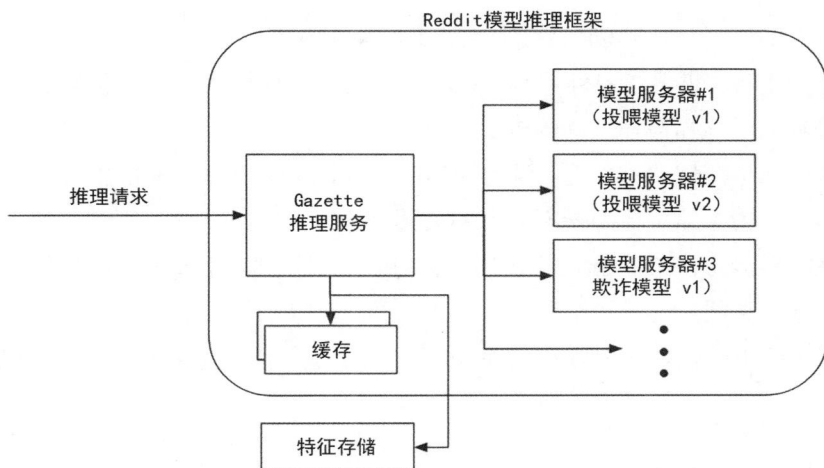

图 5.9　Gazette 推理服务与模型推理器的架构（箭头表示请求流向）

　　第二个服务称为模型服务器服务，基于 Python 开发，主要用于封装特定的 ML 模型。每个模型服务器实例都通过 Docker 进行容器化部署，并能根据模型复杂度和预测流量需求，灵活配置机器学习库版本、计算资源、自动扩缩容参数等设置。这种隔离部署机制不仅有助于实现可靠性目标，还能确保单个模型的意外崩溃不会影响其他模型的正常运行。

　　简而言之，Reddit 新版模型推理架构的核心在于职责分离。Gazette 推理服务专注于处理推理请求和特征获取，模型服务器服务则专门执行模型预测。这一关键架构调整有效解决了初版服务基础设施的局限性，成功实现了架构现代化的主要目标。这为 Reddit 未来的用户增长和复杂机器学习用例的实施奠定了坚实基础。

5.3.2　开源

　　近年来，MLOps 开源社区在模型推理领域取得了显著进展。由于相关项目众多，本节将重点介绍三个具有代表性的开源解决方案 BentoML、Seldon Core 和 Ray Serve。需要说明的是，这种选择并非否定其他方案的优秀设计，而是希望通过分析这些流行方案的优势特点，帮助读者更好地评估适合自身业务场景和基础设施需求的解决方案。

在筛选开源模型推理方案时，我们主要参考以下标准：

● 多框架支持：机器学习领域涵盖范围广且技术迭代快，良好的框架兼容性能够赋予开发者灵活选择最佳工具的自由度。

● 便捷的本地测试：随着机器学习应用的普及，组织内部的 ML 社区将不断壮大。快速部署能力是缩短模型投产周期的关键因素。

● 弹性扩展能力：在企业级应用中，可扩展的部署方案对加速机器学习项目的投资回报率至关重要。

需要特别说明的是，这些开源方案更新迭代迅速，建议读者通过官网获取最新功能信息。

1. BentoML

根据 BentoML 官方文档[①]，BentoML 是用于构建可靠、可扩展且高性价比 AI 应用的统一框架。该框架提供完整的工具链，涵盖模型推理化、应用打包到生产部署的全流程。

作为以 Python 为核心的框架，BentoML 全面支持 TensorFlow、PyTorch、LightGBM、XGBoost 等主流机器学习框架的模型存取。在定义推理服务端点的同时，开发者可以灵活添加预测预处理和后处理的定制逻辑。

使用 BentoML 部署模型的典型流程包括：

● 模型存储：将训练完成的模型保存至 BentoML 模型仓库。

● 服务定义：通过 Python 文件声明服务配置，包括模型加载方式、运行环境设置、推理服务端点定义及预测过程中的定制处理逻辑。

● 构建 Bento 包：作为标准化分发单元，每个 Bento 包包含服务运行所需的源代码、模型文件、数据依赖和配置清单（YAML 格式）。BentoML 提供的 CLI 工具支持版本化构建。

● 部署测试：构建完成的 Bento 包可本地验证，也可部署至 BentoCloud 或各类 Docker 兼容环境（如 Kubernetes、Amazon ECS 等）。

在便于本地部署、测试和调试方面，BentoML 提供了多个命令行工具，可在本地快速

---

① What is BentoML, https://docs.bentoml.com/en/latest/overview/what-is-bentoml.html

启动各 Bento 中定义的服务。随后可以使用 HTTP 或 gRPC 协议向服务端点发送测试请求，以验证服务和模型的运行状态。

　　服务 API 与 Runner 的概念组合是 BentoML 实现可扩展模型推理的关键架构。BentoML 服务作为处理推理请求和返回响应的核心接口，从逻辑架构来看主要包含两大组件，即服务 API 和 Runner。实际运行时，BentoML 服务会分别启动 API 服务器和 Runner 两个组件，如图 5.10 所示。这两个组件支持独立配置，可根据需求灵活调整计算资源类型和实例规模。

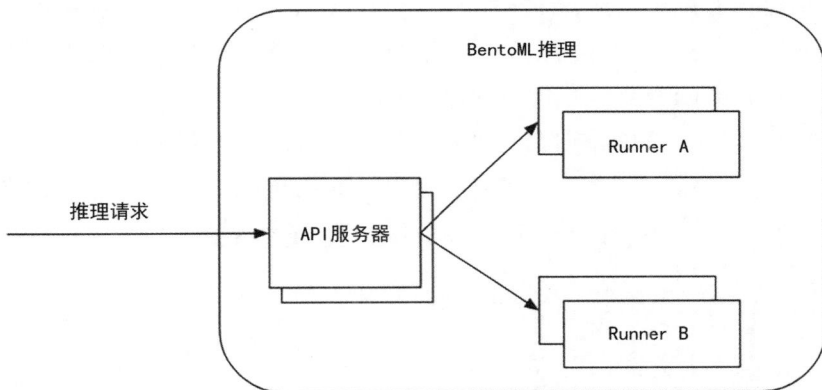

图 5.10　BentoML 推理架构

　　每个 BentoML 服务可以包含一个或多个服务 API（Service API），每个 API 对应一个可远程调用的端点。每个服务 API 的定义包含输入和输出规范和一个回调函数。该回调函数专门用于封装模型推理逻辑，可能包含特征获取、数据预处理/后处理以及模型预测调用等操作。

　　在架构设计上，Runner 是专门执行模型预测的远程 Python 工作进程，其扩展能力独立于 API 服务器。每个 BentoML 服务可配置启动一组 Runner 工作进程来应对预期的推理请求量，系统会自动将调用请求分发给这些 Runner。BentoML 已为支持的每个机器学习框架提供了预置的 Runner 实现。对于需要定制化实现的复杂场景，开发者可以创建自定义的 Runner 类。

Runner 内置的自适应批处理（adaptive batching）功能可显著提升模型预测吞吐量。这种服务器端批处理比客户端批处理更具优势，因为客户端无须实现任何批处理逻辑。

自适应批处理包含两个核心概念[①]：

● 批处理窗口：系统在提交处理前聚合预测请求的最大等待时长。该机制在请求量较低时特别有效。

● 批处理大小：单次提交处理中包含的预测请求最大数量。该参数在请求量激增时尤为重要。

为演示 BentoML 的模型部署便捷性，以下将通过多个代码片段展示完整流程：将模型保存至 BentoML 模型存储、创建服务、构建 Bento（部署包），以及本地部署测试。这些示例代码来自 BentoML GitHub 仓库的线性回归案例[②]。

代码清单 5-1 演示了如何将训练好的模型保存到 BentoML 模型存储。默认存储路径为用户主目录下的 bentoml 文件夹，也可通过 BENTOML_HOME 环境变量自定义存储位置。

代码清单 5-1　将训练好的模型保存至 BentoML 模型存储

```
from sklearn import linear_model
import bentoml
reg = linear_model.LinearRegression()
reg.fit([[0, 0], [1, 1], [2, 2]], [0, 1, 2])
bento_model = bentoml.sklearn.save_model("linear_reg", reg)
print(f"Model saved: {bento_model}")
```

接下来需要在 Python 文件中定义 BentoML 服务来处理推理请求。代码清单 5-2 展示了服务定义示例。

代码清单 5-2　service.py——定义 BentoML 服务

```
import bentoml
from bentoml.io import NumpyNdarray
reg_runner = bentoml.sklearn.get("linear_reg:latest").to_runner()
```

---

① Adaptive Batching, https://docs.bentoml.com/en/latest/guides/batching.html

② BentoML SKlearn Example: Linear Regression, https://github.com/bentoml/BentoML/tree/main/examples/sklearn/linear_regression

```
svc = bentoml.Service("linear_regression", runners=[reg_runner])
input_spec = NumpyNdarray(dtype="int", shape=(-1, 2))
@svc.api(input=input_spec, output=NumpyNdarray())
async def predict(input_arr):
    return await reg_runner.predict.async_run(input_arr)
```

该代码首先从模型存储加载最新版本的模型并创建 Runner 实例，然后初始化名为 linear_regression 的 BentoML 服务并关联该 Runner。最后通过@svc.api 装饰器定义预测端点，默认以函数名作为端点路径（可通过 route 参数自定义）。

使用 bentoml serve 命令即可在本地启动服务进行测试，其输出如代码清单 5-3 所示。

代码清单 5-3　——启动本地服务后的输出结果

```
% bentoml serve service.py:svc
2023-11-25T07:40:04-0800 [INFO] [cli] Environ for worker 0: set CPU thread
count to 8
2023-11-25T07:40:04-0800 [INFO] [cli] Prometheus metrics for HTTP
BentoServer from "service.py:svc" can be accessed at http://localhost:3000/
metrics.
2023-11-25T07:40:10-0800 [INFO] [cli] Starting production HTTP BentoServer
from "service.py:svc" listening on http://0.0.0.0:3000 (Press CTRL+C to
quit)
```

当 BentoML 服务 linear_regression 在 3000 端口完成启动并进入监听状态后，我们可以使用 curl 命令向 predict 端点发送推理请求。代码清单 5-4 展示了具体的命令示例及其响应结果。

代码清单 5-4　推理请求与响应

```
% curl -X POST -H "content-type: application/json" --data "[[5, 3]]"
http://127.0.0.1:3000/predict
[3.9999999999999996] # response
```

要为 linear_regression 服务构建 Bento，首先需要在 bentofile.yaml 文件中定义核心组件的配置，然后执行 bentoml build 命令进行实际构建。这些具体操作步骤作为练习留给读者完成。

　　需要说明的是，上述示例经过简化处理以便演示。BentoML 的入门过程非常直观，如需深入了解其高级功能，建议访问其官方文档网站（https://docs.bentoml.com/）的"高级指南"和"最佳实践"章节。

2. Seldon Core

　　从架构层面看，Seldon Core[①]是一个基于 Kubernetes 构建的具有明确设计理念、功能全面且强大的开源平台，专为大规模 ML 模型的打包、部署、监控及全生命周期管理而设计。

　　其设计理念主要体现在 Kubernetes 原生特性。Seldon Core 深度集成 Kubernetes，充分利用其卓越的扩展性和灵活性进行模型部署。考虑到 Kubernetes 已成为管理大规模容器化任务的事实标准编排平台，这种架构选择具有显著优势。

　　该平台的全面性体现在提供丰富的模型推理能力，包括推理图构建、高级监控指标、请求日志记录、模型解释器、异常值检测、A/B 测试、金丝雀发布等功能。

　　Seldon Core 将 ML 模型以微服务形式部署于生产环境，支持处理 REST 和 gRPC 协议请求。其框架无关的设计特性支持与主流机器学习框架无缝集成，这些框架包括 TensorFlow、PyTorch、XGBoost、LightGBM、Scikit-Learn 等。

　　要高效使用 Seldon Core 并充分发挥其能力，需要重点理解一组核心概念：模型、服务器、管道和实验。图 5.11 清晰展示了这些概念及其对应的功能模块[②]。后续内容将按照从左至右的顺序，逐一解析每个概念的技术细节。

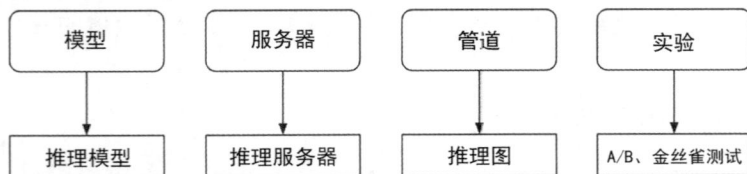

图 5.11　概念和功能的关系

　　模型是 Seldon 的核心原子化构建模块。典型模型类型包括 ML 模型、数据漂移检测器、

---

① Seldon Core, https://docs.seldon.io/projects/seldon-core/en/latest/index.html

② Clive Cox, Ed Shee, Launch of Core V2, www.seldon.io/webinar/launch-of-core-v2

异常值检测器以及特征转换模块等。用户可通过 YAML 格式定义模型配置，随后使用平台提供的命令行工具将其部署至 Seldon Core 集群并启动推理服务。代码清单 5-5 展示了基于 Scikit-Learn 的鸢尾花分类模型定义示例，代码清单 5-6 演示了模型加载与推理调用的完整命令流程。若采用 Kubernetes 部署 Seldon Core，相关命令需调整为基于 kubectl 的标准操作。

代码清单 5-5　sklearn-iris.yaml 中的 Scikit-Learn 模型定义

```yaml
apiVersion: mlops.seldon.io/v1alpha1
kind: Model
metadata:
  name: iris
spec:
  storageUri: "gs://seldon-models/scv2/samples/ML Server_1.3.5/iris-sklearn"
  requirements:
  - sklearn
  memory: 100Ki
```

代码清单 5-6　模型加载与推理调用命令

```
# 部署模型至 Seldon Core 平台
seldon model load -f ./models/sklearn-iris.yaml
# 查看模型状态
seldon model status iris -w ModelAvailable | jq -M .
# 执行 REST 推理请求
seldon model infer iris \
'{"inputs": [{"name": "predict", "shape": [1, 4], "datatype": "FP32",
"data": [[1, 2, 3, 4]]}]}'
```

当完成多个模型定义后，可通过管道功能构建数据转换工作流（即推理图）。该功能支持创建表征模型推理过程中数据流转路径的计算图，能够有效优化复杂机器学习推理任务的执行效率。在生产环境中，这种实时响应能力和弹性扩展特性尤为重要。管道不仅支持模型间的顺序串联，还允许将多个模型的输出聚合作为下游模型的输入，同时提供条件分支等高级功能。更多关于管道的高级用法，可参考官方文档（https://docs.seldon.io/projects/seldon-core/en/v2/ contents/pipelines/index.html）。

金丝雀测试作为 DevOps 领域的核心实践，同样适用于 ML 模型的投产部署。Seldon Core 的实验模块支持模型与管道间的流量分配和流量镜像策略。如代码清单 5-7 所示，我们可在 iris 和 iris2 两个模型间实施 50%的流量均分。

代码清单 5-7　双模型流量均分实验配置

```
apiVersion: mlops.seldon.io/v1alpha1
kind: Experiment
metadata:
  name: experiment-sample
spec:
  default: iris
  candidates:
  - name: iris
    weight: 50
  - name: iris2
    weight: 50
```

通过流量镜像功能实现影子测试同样便捷。代码清单 5-8 展示了将 100%的生产流量镜像至 iris2 模型以进行无侵入测试的配置样例。

代码清单 5.8　使用流量镜像在影子模式下测试 iris2 的实验

```
apiVersion: mlops.seldon.io/v1alpha1
kind: Experiment
metadata:
  name: sklearn-mirror
spec:
  default: iris
  candidates:
  - name: iris
    weight: 100
  mirror:
    name: iris2
    percent: 100
```

Seldon Core 采用精心设计的架构[①]，如图 5.12 所示，该架构能够完整支持前文所述的各种功能，并实现大规模模型推理。其核心组件既支持通过 Docker Compose 在本地环境运行，也支持部署到 Kubernetes 集群。

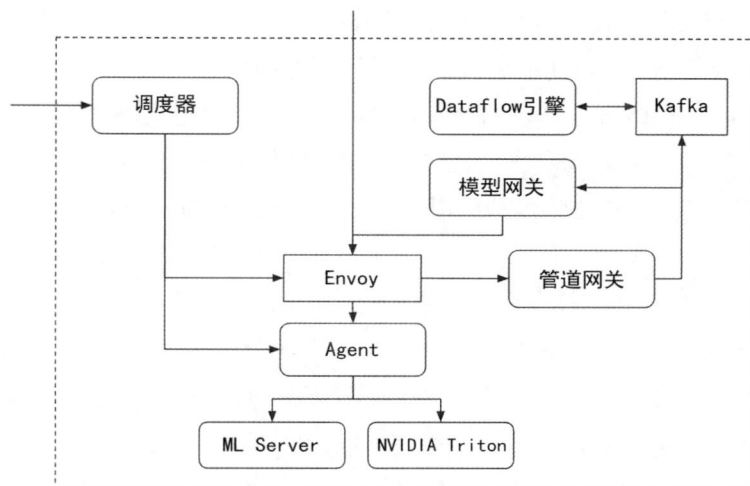

图 5.12　Seldon Core V2 架构

调度器组件接收来自不同客户端（如编排系统、Kubernetes 或其他外部服务）的请求，负责管理 ML 模型的部署与扩缩容。

Envoy 组件则接收来自外部服务、API 网关或编排系统的请求，将流量导向已部署的模型进行预测。

各组件的核心职责如下：

- 调度器：作为 Seldon Core 平台的主入口点，负责管理模型、管道、实验等资源的加载与卸载。
- Envoy：作为代理服务器，负责对传入的预测请求进行负载均衡和路由。
- Agent：管理与推理服务器（ML Server 和 NVIDIA Triton）的交互，包括推理请求路由、模型加载/卸载等操作。

---

① Seldon Core V2 Architecture, https://docs.seldon.io/projects/seldon-core/en/v2/contents/architecture/index.html

- Dataflow 引擎、模型网关、管道网关、Kafka：协同工作，用于执行机器学习管道并管理各步骤间的数据流。
- ML Server、NVIDIA Triton：作为 ML 模型的推理服务器。

Seldon Core 将实际的模型推理任务分配给 Seldon ML Server 或 NVIDIA Triton。在深入探讨前，我们重点解析 Seldon ML Server 的几个关键特性。

ML Server 是基于 Python 开发的开源推理服务器，可通过 REST 和 gRPC 接口便捷地部署 ML 模型。与 BentoML 服务类似，它通过将推理任务分发到独立进程中的工作线程池来实现并行推理。其两大核心特性是推理运行时（inference runtime）和多模型推理（multi-model serving）。

ML Server 采用可插拔式推理运行时的设计理念。这些运行时充当 ML Server 与机器学习框架之间的桥梁。为与 XGBoost、LightGBM 等常见框架实现无缝集成，ML Server 内置了多个预配置的运行时，用户无须引入额外依赖即可快速部署基于这些框架训练的模型。值得注意的是，TensorFlow 和 PyTorch 框架暂未提供内置运行时（最新支持的运行时列表可参考 https://mlserver.readthedocs.io/en/latest/runtimes/index.html）。

ML Server 的多模型推理支持单个实例同时托管多个模型及其不同版本。对于拥有海量模型且持续增长的企业，该特性通过最大化计算资源利用率，在降低基础设施成本的同时保持高效运作。图 5.13 直观对比了两种服务模式，右侧的多模型推理方案展示了如何通过优化部署策略，将多个模型整合到单一实例，从而提升资源（内存/CPU/GPU）利用率并降低总体资源消耗。

然而，需要仔细评估哪些模型应该共享同一服务器，以避免潜在的"干扰邻居"（noisy neighbor）问题——当某个模型的内存或 CPU 等资源需求过高时，可能会对其他模型的性能造成负面影响。

Seldon Core 是一款功能全面的模型推理平台，能够满足企业级的模型推理需求。该平台特别适合中大型组织，这些组织不仅需要处理大量的模型推理任务，还需要管理使用多种机器学习框架开发的、数量持续增长的 ML 模型。Seldon Core 深度整合 Kubernetes 的扩展能力和编排特性，实现高效的资源管理。

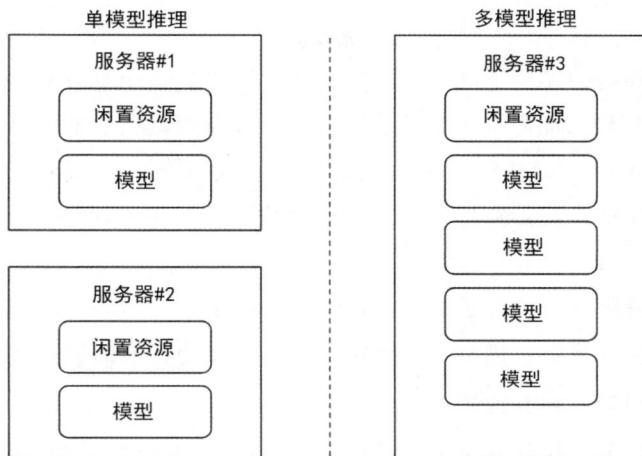

图 5.13　单模型推理与多模型推理对比

3. Ray Serve

Ray Serve 是基于 Ray 构建的开源模型推理库，具有灵活、高效、可扩展的特点。Ray 本身是用于扩展 AI 和 Python 应用的开源统一框架（第 7 章将详细解析其核心概念、API 抽象和架构设计）。

通过整合 Ray 的分布式计算框架及核心库提供的强大抽象原语，Ray Serve 提供了简洁的 Python 接口来部署 ML 模型，能够有效支撑大规模的推理任务。

与 BentoML 和 Seldon Core 类似，Ray Serve 不依赖特定 ML 框架，专注于构建通用的可扩展模型推理层。由于基于 Ray 架构，Ray Serve 可以在所有支持 Ray 的环境中运行，包括本地开发机、Kubernetes 集群及各大云平台。

Ray Serve 的核心优势体现在以下三个方面：

- 支持使用 Python 原生方式构建端到端的分布式模型推理应用，实现从本地测试到生产部署的快速迭代。
- 对多模型推理场景提供深度支持。
- 支持弹性扩缩容与灵活的资源分配策略。

在深入探讨这些特性之前，我们需要先理解 Ray Serve 的两个核心概念，即部署和应用。

部署是可独立部署的模型推理单元，能够封装各种 Python 实现的业务逻辑，包括业务处理流程、模型加载与推理逻辑、特征获取机制，以及推理前后的数据处理。开发者只需使用@serve.deployment 装饰器标记 Python 类即可完成部署定义。运行时，Ray Serve 集群会启动该类的多个实例进程，并根据实时请求负载动态调整进程数量，支持手动扩缩容或自动弹性伸缩。

应用由多个部署组合而成，是 Ray Serve 集群中的最小升级单元。典型的应用场景中，多个部署协同工作以满足特定模型推理需求，例如图像处理或语音转文字等复杂流程。

1）Python 原生模型推理应用

Ray Serve 为 Python 开发者提供了极致的灵活性来构建模型推理应用。开发者可以直接在 Python 类中实现服务逻辑，无论是简单的模型调用还是涉及数千行代码的复杂工作流。这种灵活性要求开发者自行处理不同 ML 框架的模型加载及格式转换等细节。

通过简单的@serve.deployment 装饰器标注，任何 Python 类都能快速转换为 Ray Serve 应用。Ray 服务控制器会自动创建多个类实例并部署到集群中，同时负责应用的生命周期管理，包括故障检测和自动恢复等运维功能。

代码清单 5-9 展示了一个精简版 Ray Serve 应用（改编自 Ray 官方示例[①]），其中构造函数从 Hugging Face 模型库加载情感分析模型，__call__方法则负责处理携带 text 参数的请求。

代码清单 5-9　以影子模式测试 iris2 的流量镜像的实验

```
import requests
from starlette.requests import Request
from typing import Dict
from transformers import pipeline
from ray import serve

# 将预训练模型封装为Serve部署
```

---

① Ray GitHub repository, https://github.com/ray-project/ray.git

```
@serve.deployment
class SentimentAnalysisDeployment:
    def __init__(self):
        self._model = pipeline("sentiment-analysis")
    def __call__(self, request: Request) -> Dict:
        return self._model(request.query_params["text"])[0]


# bind() API 会实例化该类的副本
sentiment_app = SentimentAnalysisDeployment.bind()
```

Ray Serve 提供两种部署启动方式。第一种通过调用 serve.run Python API 实现，第二种使用 serve run CLI 命令（请确保已安装 Ray Serve）。假设上述代码保存在 transformer.py 文件中，代码清单 5-10 展示了通过 CLI 运行时的输出结果。

代码清单 5-10　使用 CLI 启动部署并显示输出

```
% serve run transformer:sentiment_app
# 启动transformer:sentiment_app部署的输出
2023-11-26 17:42:48,480 INFO scripts.py:501 -- Running import path:
'transformer:sentiment_app'.
2023-11-26 17:42:54,892 INFO worker.py:1664 -- Started a local Ray
instance. View the dashboard at 127.0.0.1:8265
(ProxyActor pid=29381) INFO 2023-11-26 17:43:00,183 proxy 127.0.0.1 proxy.
py:1072 - Proxy actor dd1aa8088598b2d9635fdfdb01000000 starting on node
64a62a755106ef22993a76e3737bd5cd5218e82444a602f6a88b4580.
(ProxyActor pid=29381) INFO 2023-11-26 17:43:00,194 proxy
127.0.0.1 proxy.py:1257 - Starting HTTP server on node:
64a62a755106ef22993a76e3737bd5cd5218e82444a602f6a88b4580 listening on
port 8000
(ProxyActor pid=29381) INFO: Started server process [29381]
(ServeController pid=29380) INFO 2023-11-26 17:43:00,356 controller
29380 deployment_state.py:1379 - Deploying new version of deployment
SentimentAnalysisDeployment in application 'default'.
(ServeController pid=29380) INFO 2023-11-26 17:43:00,459 controller
```

```
29380 deployment_state.py:1668 - Adding 1 replica to deployment
SentimentAnalysisDeployment in application 'default'.
```

部署就绪后，可以通过向 http://localhost:8000/端点发送 REST 请求进行推理。代码清单 5-11 展示了多个 REST 调用示例及其响应结果。

代码清单 5-11　通过 REST 调用发送推理请求

```
% curl -G "http://localhost:8000/" --data-urlencode "text=the world is
falling"
{"label": "NEGATIVE", "score": 0.9988685846328735}
% curl -G "http://localhost:8000/" --data-urlencode "text=today is a
beautiful day"
{"label": "POSITIVE", "score": 0.9998778104782104}

% curl -G "http://localhost:8000/" --data-urlencode "text=tomorrow is
Monday"
{"label": "POSITIVE", "score": 0.9901313781738281}

% curl -G "http://localhost:8000/" --data-urlencode "text=tomorrow is
Monday and I have to work"
{"label": "POSITIVE", "score": 0.9546266794204712}

% curl -G "http://localhost:8000/" --data-urlencode "text=tomorrow is
Monday and I have to work again"
{"label": "NEGATIVE", "score": 0.9834485650062561}
```

2）弹性扩展与资源分配

ML 模型推理是计算密集型任务。必须为模型推理应用分配充足的资源，才能处理预期的推理任务。

Ray Serve 提供两个核心配置参数来扩展部署并使用合适的计算资源（如 CPU 或 GPU），这些参数可通过@serve.deployment 装饰器中的 num_replicas 和 ray_actor_options 进行设置。代码清单 5-12 展示了为情感分析应用配置 3 个副本和 2 个 GPU 的示例。

代码清单 5-12　通过多副本和 GPU 实现部署扩展

```
@serve.deployment(
    num_replicas=3, ray_actor_options={"num_gpus":2})
class SentimentAnalysisDeployment:
    def __init__(self):
        self._model = pipeline("sentiment-analysis")

    def __call__(self, request: Request) -> Dict:
        return self._model(request.query_params["text"])[0]
```

上述示例采用手动扩展方式。为了应对流量激增，我们可以启用自动扩展功能来动态调整副本数量。Ray Serve 的自动扩展组件通过监控请求队列规模，动态调整所需副本数量。自动扩展配置通过@serve.deployment 装饰器的 autoscaling_config 参数设置。完整配置选项请参考 AutoscalingConfig 官方文档（https://docs.ray.io/en/latest/serve/api/doc/ray.serve.config.AutoscalingConfig.html）。

3）多模型推理

复杂的 ML 模型推理应用通常需要多个模型协同工作以实现特定目标，典型场景包括音频转录、计算机视觉、文本摘要等。以假设的音频转录应用为例（流程如图 5.14 所示），其处理流程包含三个步骤，即音频处理、音频转文字、校对。每个步骤使用不同的模型，各模型对计算资源（如 GPU）有不同要求，且每个处理阶段都需要支持独立自动扩展。

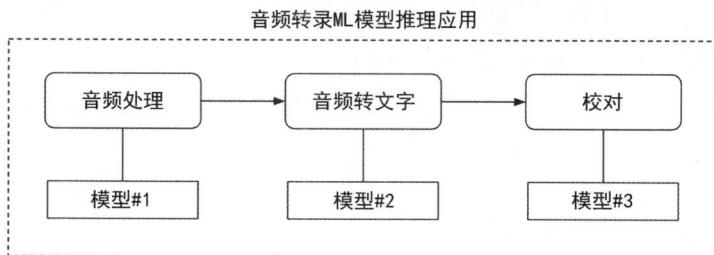

图 5.14　多步骤音频转录 ML 模型推理应用

Ray Serve 提供了一种简洁优雅的部署组合方式，不需要在它们之间显式传递部署引用。上述示例演示了管道模式，其中一个部署的输出会作为输入传递给下一个部署。除了管道模式，博客①还详细介绍了其他三种常见模式，并展示了如何通过 Ray Serve 实现这些模式。

代码清单 5-13 展示了以管道模式连接三个部署的代码片段，对应图 5.14 所示示例性音频转录应用的处理流程。

代码清单 5-13　部署管道的代码框架

```
@serve.deployment
class AudioPreprocessing:

@serve.deployment
class SpeechToText:

@serve.deployment
class ProofReading:

audio_app = AudioPreprocessing.bind()
speech_to_text_app = SpeechToText.bind(audio_app)
proof_reading_app = ProofReading.bind(speech_to_text_app)
```

Ray Serve 的多模型推理能力是其核心优势，不仅能简化生产环境中的 ML 管道，还能显著降低成本。Samara 公司采用 Ray Serve 后，其年度总 ML 推理成本降低了约 50%②。

Ray Serve 还有两个重要特性值得关注，即模型多路复用（model multiplexing）和动态请求批处理（dynamic request batching），具体实现细节可参考官方文档（https://docs.ray.io/en/latest/serve）。

---

① Simon Mo, Edward Oakes, Michael Galarnyk, Serving ML Models in Production: Common Patterns, 2021, www.anyscale. com/blog/serving-ml-models-in-production-common-patterns

② Pang Wu, Building a Modern Machine Learning with Ray, 2023, https://medium.com/samsaraengineering/building-a-modern-machine-learning-platform-with-ray-eb0271f9cbcf

5.4　小结

模型推理基础设施是机器学习基础设施的核心支柱之一，通过在生产环境中执行模型推理，帮助组织获取机器学习项目的投资回报率，支撑广告定向、个性化推荐、欺诈检测等多个高价值机器学习产品。相较于特征工程和模型训练基础设施，其体系更为庞大复杂，通常需要专业的软件工程能力来支持不同计算资源需求的大规模实时推理场景。

模型推理基础设施的复杂度主要由多个因素决定，包括现有及规划中的模型数量、在线/离线推理场景占比、模型推理请求量及其延迟要求，以及模型自身的复杂度。成熟的模型推理基础设施需要与以下组件无缝集成：

- 模型注册表：用于加载 ML 模型。
- 特征存储：用于特征数据检索。
- 日志系统：用于发送预测日志。
- 监控系统：用于上报运维指标。

近年来，开源社区涌现出诸多优秀的模型推理解决方案，例如 BentoML、Seldon Core、Ray Serve 等。这些方案通常具备以下共同特性：

- 提供抽象接口以封装服务逻辑，开发者只需关注核心业务实现。
- 支持在主流 Kubernetes 平台快速部署。
- 内置自适应批处理、推理图（即模型组合，model composition）等常见功能。
- 提供灵活的计算资源分配机制。
- 集成标准化日志系统和监控系统对接方案。

对于实时推理场景较少的企业，采用厂商托管的模型推理方案是合理选择。当业务场景达到一定规模（例如 20 个以上用例），且需要重点解决扩展性和严苛的延迟要求时，建议基于开源方案或其对应的云原生版本构建定制化模型推理平台。

第 6 章

6 chapter

ML 可观测性基础设施

恭喜！经过数周或数月的训练，你的模型终于完成并部署到生产环境，集成至推荐系统中。A/B 测试结果显示模型对业务指标产生了显著且积极的影响。然而，同事提醒你，工作尚未结束，模型需要持续监控来确保性能保持最优。换言之，模型此刻才刚迈入运维阶段的起点。

众所周知，机器学习模型一旦部署至生产环境，其性能会随时间推移逐渐衰退。因此需要持续监控和观测模型表现，以便及时发现问题并防范对业务造成不良影响或导致用户体验下降等负面后果。这种现象背后的核心原因在于，无论是训练模型还是线上模型，其表现都高度依赖数据质量。众所周知，现实世界并非静止不变，社会文化规范会持续演进。有时甚至会出现剧烈突变，例如疫情流行就对全球用户行为模式产生了深远影响。基于疫情前数据训练的模型难以适应"新常态"，导致预测准确性与可靠性显著下降。以 Lyft 的预计到达时间（ETA）模型为例①，该模型曾高估乘车时间，进而引发以 ETA 为输入的后续模型产生连锁性能问题。

更复杂的是静默故障（silent failure）现象。与传统软件系统"页面未找到"等显式报错不同，机器学习模型可能看似正常运行，实则性能持续劣化。这种衰退可能悄然达到预测失准的程度，却不会触发任何报警。通常需要数周时间，它对业务指标的影响才会显现。

---

① Mihir Mathur and Jonas Timmermann, Full-Spectrum ML Model Monitoring at Lyft, 2022, https://eng.lyft.com/full-spectrum-ml-model-monitoring-at-lyft-a4cdaf828e8f

因此，与任何复杂系统一样，我们必须持续检查、维护和更新模型，才能保障机器学习系统的长期可靠运行。

本质上，对机器学习模型采取"部署即遗忘"（deploy and forget）的策略并不可取。企业应当投资构建机器学习可观测性（ML observability）体系，以此规避声誉受损、客户满意度下降、收入流失等风险。尽管需要额外工程投入，但对于深度应用机器学习的企业而言，这项投资将带来长期回报。

机器学习可观测性包含监控、度量和理解机器学习系统的完整工具链与实践方法，涵盖模型性能、特征质量、行为状态、整个管道的健康度等维度。需特别说明的是，虽然机器学习监控常与可观测性混用，但二者存在重要区别。

机器学习监控聚焦关键指标追踪，包括准确率、精确率、召回率、数据漂移、模型漂移等，主要通过量化指标回答"发生了什么"，属于被动式的异常检测机制。而机器学习可观测性则采用更全局的视角，不仅包含监控功能，还致力于解析整个机器学习系统（涵盖数据、训练、部署环境等）的运行逻辑，通过深度洞察回答"为何发生"及"如何解决"，为故障根因分析与模型优化提供决策支持。

简言之，机器学习监控是可观测性体系的子集。如图 6.1 的冰山隐喻所示，水面之上的可见部分代表监控范畴，而隐藏在水面下的庞大冰体则包含数据异常、配置错误、偏见、概念漂移等潜在风险。可观测性体系的目标，正是揭示这座"冰山"的全貌。

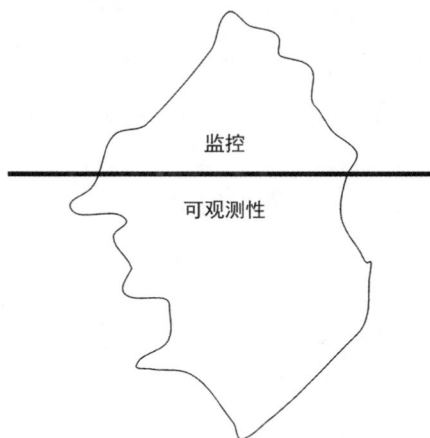

图 6.1　机器学习监控与可观测性的比喻

> **注意** 监控与可观测性
>
> 根据论文"面向大规模可观测性数据管理"①的论述，监控与可观测性在系统运维领域存在概念差异。监控侧重通过收集延迟、错误率等指标追踪系统健康状态，本质是描述"正在发生什么"；而可观测性则通过关联日志、追踪数据流等深度分析，揭示系统内部状态与交互逻辑，实现潜在问题的主动探查与根因定位。这要求从单一指标管理转向关系网络分析，以全面把握系统动态。

机器学习可观测性基础设施如同全天候的"监护之眼"，在特征工程、模型预测等全生命周期环节提供深度洞察，赋能主动运维与持续优化。下文将深入解析其架构设计，并通过案例研究探讨自建与开源解决方案的实现路径。

6.1　概述

作为机器学习基础设施的核心组件，可观测性体系是模型监控、故障排查与性能优化的基石。它提供涵盖特征生成、训练部署、预测推理等全链路的端到端可视化能力，通过专业工具链与技术实践，帮助团队深入理解特征、模型及系统的运行状态。这使得团队能在问题影响业务 KPI 之前，快速识别并处置机器学习生命周期中的各类异常。该体系的优势主要体现在：

- 早期预警：及时捕捉模型性能衰退、数据/概念漂移等风险信号。
- 根因定位：从数据输入到部署环境的全链路分析，解析模型决策逻辑。
- 协同增效：建立数据科学家、工程师与业务方的统一认知，消弭团队间信息鸿沟。
- 持续进化：通过监控反馈与洞察分析，驱动模型的迭代优化。

通过实现这些优势，机器学习可观测性成为生产环境中可信赖且可靠的机器学习模型

---

① Suman Karumuri, Franco Solleza, Stan Zdonick, and Nesime Tatbul, Towards Observability Data Management at Scale, 2021, https://dl.acm.org/doi/10.1145/3456859.3456863

的基石。

　　本节将通过介绍架构，深入解析机器学习可观测性基础设施的核心组件与功能。理解这些技术细节对于使用开源项目构建内部解决方案、评估供应商方案或者采用混合实施策略，都具有重要价值。

　　如图 6.2 所示，机器学习可观测性基础设施的核心能力包括针对模型性能、漂移、数据质量和可解释性等维度，提供监控、报警与分析功能。

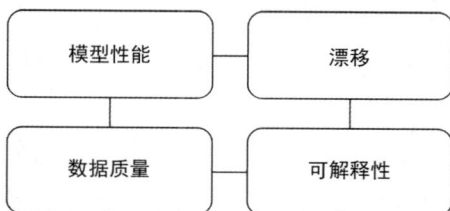

图 6.2　机器学习可观测性的四大分析监控领域

6.1.1　模型性能

　　理解模型性能的常见方法是测量和检查关键指标集，包括准确率、精确率、召回率等。性能分析需要确保模型性能相比训练阶段或初始部署到生产环境时没有显著下降。机器学习可观测性基础设施必须持续跟踪关键指标与既定基线的对比，当性能低于可接受阈值时触发报警。

> **注意**　模型性能：公平性、偏见与完整性
>
> 在机器学习中，监控模型性能对于确保公平性、消除偏见和维护模型完整性至关重要。通过定期评估模型在不同人群特征和边缘案例上的表现，可以有效识别可能出现的性能差异或问题。同时，模型性能监控能够及时发现随着时间推移产生的异常或故障，便于及时干预和维护，从而保障模型的完整性和可靠性。

6.1.2　漂移

机器学习中的漂移概念源自统计学，本质上指数据统计特性随时间的变化。对模型输入特征、预测输出和实际结果的漂移进行测量、跟踪和监控尤为重要。导致漂移的常见因素包括模型过时、特征数据异常、对抗性输入等。漂移会导致模型性能随时间推移逐渐下降。机器学习可观测性基础设施需要提供漂移的测量、分析和监控能力，既保护模型免受性能衰减影响，又帮助模型所有者理解和缓解漂移问题。

6.1.3　数据质量

"输入垃圾，输出垃圾"这句谚语准确揭示了模型性能在训练和预测阶段对输入数据质量的直接依赖性。现实世界始终处于动态变化中，数据质量也会随之波动。影响模型性能的常见数据质量问题包括基数偏移、数据缺失、数据类型不匹配、数值越界等。因此，任何完善的机器学习可观测性基础设施都必须在模型全生命周期中主动检测和跟踪这些数据质量问题。

6.1.4　可解释性

可解释性作为解密模型决策的关键工具，能够帮助我们追溯预测结果的形成逻辑。通过特征重要性或归因分析等方法，可以揭示关键特征及其对预测结果的影响程度。夏普利加性解释（shapley additive explanations，SHAP）和局部可解释的模型无关解释（local interpretable model-agnostic explanations，LIME）是当前主流的可解释性指标生成方法。将可解释性能力整合到机器学习可观测性基础设施中，对于诊断问题根源、深入理解模型预测机制具有重要价值。

> **注意**　特征漂移与模型漂移
>
> 特征漂移指机器学习模型输入特征的统计属性变化，具体包括特征均值、标准差、数值范围等特性相对于基线的偏移。可能成因涵盖数据模式的季节性波动、数据采集方

式变更、经济危机等外部因素以及人口结构变化等。

模型漂移（又称概念漂移）则指在输入特征分布保持不变的情况下，模型预测性能随时间推移逐渐劣化的现象。这种劣化源于输入特征与预测目标之间的关联关系发生变化，可能由新技术应用、经济形势变化、法规调整等因素引发的用户行为改变导致。与特征漂移类似，模型漂移会损害模型的准确性和可靠性。典型案例包括：社交媒体情感分析模型因用户语言表达方式持续演变，逐渐出现捕捉当前情感倾向的准确率下降。

6.2 架 构

有效且稳健的机器学习可观测性架构应包含实现上述能力的组件集合。如图 6.3 所示的架构中，可观测性存储作为核心组件，负责存储模型相关数据并提供聚合转换后的监控指标。这些数据源自特征工程、模型训练和模型预测等环节，原始细粒度数据经过聚合转换后，可支持监控和报警、模型性能分析和模型可解释性等核心功能。

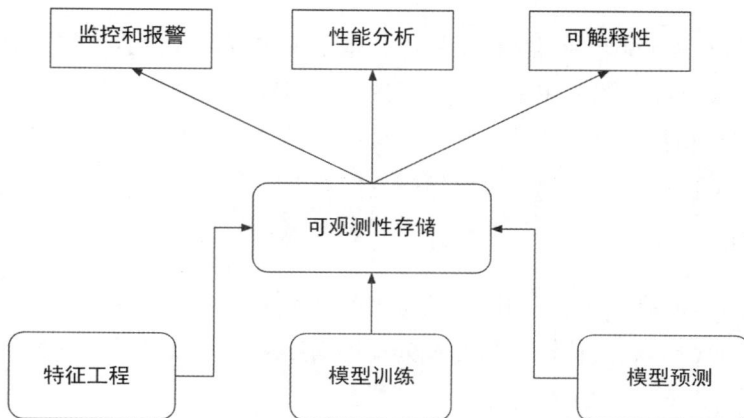

图 6.3 机器学习可观测性基础设施架构

与传统微服务可观测性类似，机器学习可观测性同样需要包含系统可观测性的三大支柱，即日志、指标和追踪[①]。当与模型推理服务交互时，遥测数据能够为周边系统提供额外的上下文信息。这些上下文信息对于机器学习性能追踪（即定位模型性能问题的根源，并将其映射到底层数据或系统问题的实践）具有重要价值。通过分析丰富的遥测数据，机器学习性能追踪可以完整呈现推理请求的生命周期，准确定位性能下降或错误发生的具体位置和根本原因，无论这些问题源于数据异常、基础设施故障，还是输入模式的变化。

可观测性存储

不同于专注于单一数据类型和用途的特征存储与模型存储，可观测性存储专门用于保存机器学习全流程（包括特征工程、模型训练、模型评估及模型预测阶段）产生的多样化模型相关数据。这种数据的多样性赋予了可观测性存储独特价值，使其能够有效支撑机器学习可观测性的核心诉求，即快速发现模型性能问题，并显著缩短问题诊断和解决时间。

下文将简要说明在机器学习开发生命周期的各个关键阶段，应当记录哪些数据至可观测性存储。

1. 特征工程

数据的新鲜度和质量直接影响模型性能。基于现实数据构建的生产模型，往往会因特征失效或数据失真导致预测效果下降。为解决这一问题，建议在特征生成管道的最终阶段集成数据质量分析和特征分布计算模块。将这些分析结果导入可观测性存储，能够帮助快速诊断由数据质量问题或特征漂移引发的模型性能下降。

2. 模型训练

无论是预生产环境中的模型训练，还是生产环境中的持续训练，在每次训练任务完成后，都需要将数据分布、整体性能指标及分片评估结果记录至可观测性存储。建立这些基

---

① Samuel James, The 3 Pillars of System Observability: Logs, Metrics, and Tracing, 2020, https://iamondemand.com/blog/the-3-pillars-of-system-observability-logs-metricsand-tracing/

准数据，可为后续可能出现的性能问题提供精准的溯源依据。

3. 模型预测

在模型推理过程中，会产生大量有助于监控和诊断模型性能的关键数据，包括输入特征、预测结果、模型名称及版本等信息。这些数据都应存入可观测性存储。此外，运营指标（如预测延迟、错误日志、请求来源等）的同步记录，能够为问题排查和性能分析提供多维度的观测视角。

4. 可观测性存储实现

可观测性存储的设计理念源自 Josh Tobin[①]提出的评估存储概念。该存储方案通过集中管理所有机器学习可观测性数据，满足监控报警、漂移检测、性能分析和模型可解释性等需求。目前业界尚无公开的标准化实现方案，各机器学习可观测性供应商通常会根据产品功能特性，定制差异化的存储实现。

在设计可观测性存储方案时，建议采用"逆向设计"策略。首先明确需要存储、访问和展示的数据指标，再据此推导出可行的技术架构。

模型是该存储体系的核心数据实体。每个模型都关联着训练、评估和生产阶段的性能指标集合，以及用于这些阶段的特征集合。其他相关信息还包括预测请求来源元数据、监控阈值配置等。

真实值是评估模型性能的关键要素。通过对比预测结果与真实值，可以准确评估模型的实际表现。在某些应用场景（如广告定向推荐或外卖预计到达时间预测），真实值可在预测后快速获取。但对于欺诈检测或疾病预测等场景，真实值可能存在长达数月的延迟。

典型的访问模式聚焦于两类分析，即在指定时间窗口内分析模型性能指标，或对特定数据分群（cohorts，即具有共同特征的数据子集）进行漂移检测。具体分析重点（特征或模型本身）取决于业务场景需求。以外卖预计送达时间预测为例，近实时的性能分析和漂移检测能力对该场景至关重要。可以通过以下具体示例说明典型的查询模式：

---

① Josh Tobin, A Missing Link in the ML Infrastructure Stack, 2021, http://josh-tobin.com/assets/pdf/missing_link_in_mlops_infra_031121.pdf

- 模型 A 的所有特征在过去 1 小时的平均漂移值是多少？
- 模型 B 的预测结果在过去 24 小时的平均偏移量是多少？
- 加利福尼亚州的 ETA 预测模型过去 4 小时的准确率如何？

对于拥有海量用例和高并发流量的组织，系统实现需要满足双重目标，即在支撑大规模模型、指标和预测处理的同时，确保各类查询模式都能保持低延迟响应。图 6.4 展示了可观测性存储的架构，其核心组件包括在线分析处理系统（online analytical processing，OLAP）和元数据存储。通过 Spark 等分布式处理系统，数据湖中的原始数据、指标、预测结果和标注数据经过组织和聚合后，将实时同步至 OLAP 系统和元数据存储。

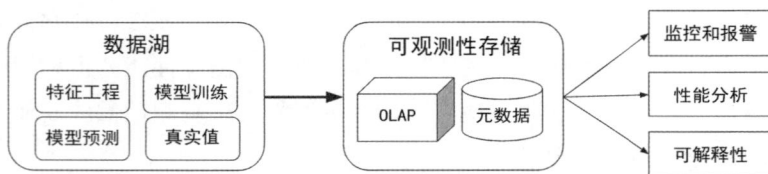

图 6.4   可观测性存储架构

采用星型模式组织的机器学习可观测数据，能够充分发挥 OLAP 系统在低延迟分析方面的优势。该系统支持多维分析操作（包括数据汇总、下钻分析、维度切片、数据切块和透视分析），这些能力完美适配模型性能分析、漂移检测和运行追踪等场景。通过与可视化工具和报警系统集成，OLAP 系统可构建完整的机器学习可观测性解决方案。

> **注意**　开源 OLAP 系统
>
> Apache Pinot、Apache Druid 和 ClickHouse 等开源 OLAP 系统已形成蓬勃发展生态，在 Uber、Netflix、思科、领英等企业获得大规模部署。它们在处理复杂分析负载时优势显著，特别适合即席查询、实时分析、商业智能报表和业务指标看板等场景。
>
> 这些系统普遍支持的实时数据接入能力，为诸多实时数据驱动型场景提供基础设施支撑，这些场景包括欺诈检测与实时监控、业务指标看板、系统性能监测以及出行数据分析等。这种实时处理能力正在持续拓展跨行业的应用边界。

6.3　案例研究

目前，机器学习可观测性领域呈现双重发展态势。专注该赛道的商业解决方案已趋成熟，能够无缝对接本地或云端的机器学习基础设施。与此同时，开源社区也涌现出多个项目，满足不同层次的监控需求。

本节将重点解析企业自建方案与开源项目的典型实践。

6.3.1　Lyft：模型监控体系

2020 年初，Lyft 机器学习平台团队构建了完善的模型监控系统，通过实时检测模型性能衰减，最大限度降低对乘客体验、司机收入和公司财务的潜在影响。

Lyft 团队在技术博客中系统阐释了模型监控方法论，并特别强调机器学习团队需要建立相应的监控文化。这些实践经验超越了厂商文档的技术范畴，为此我们将着重从方法论和文化建设两个维度展开分析，深入阐释高效模型监控体系的实施要点。

鉴于复杂功能的研发周期特性，Lyft 采用分阶段演进策略：第一阶段快速落地基础监控能力，实现模型快速接入和显性问题捕捉；第二阶段着重构建离线深度分析能力，通过细粒度指标监测实现问题预警和根因分析。如图 6.5 所示。

1. 第一阶段

在此阶段，研究团队主要聚焦模型分数监控和特征验证。针对模型分数监控，系统提供了可配置的时间序列报警机制，当平均模型预测分数超出预设阈值范围时触发报警。这种灵活的配置方式使每个模型维护者都能为其模型设置合适的报警阈值。在特征验证方面，系统内置了多种常用验证规则，包括类型检查、数值范围验证、缺失值检测、集合隶属性验证以及必填特征检测。对于更复杂的定制化需求，模型维护者可通过自定义逻辑实现高级特征验证。所有验证规则会针对每个预测请求的特征数据进行实时校验。该验证机制基于数据期望理念实现，并采用了开源库 Great Expectations（具体细节将在下一节详述）。

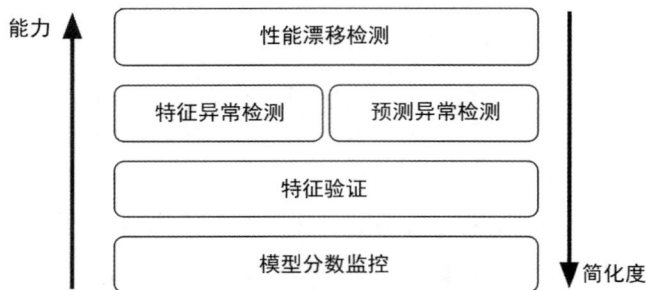

图 6.5　Lyft 分阶段演进策略（改编自《机器学习模型监控技术栈》[①]）

尽管 Great Expectations 验证器在处理批量数据时表现出色，但其计算开销难以满足在线预测场景对单次特征验证的亚毫秒级响应要求。为此，团队开发了轻量级验证模块，通过异步执行机制最大限度降低对模型预测速度的影响。

2. 第二阶段

在此阶段，团队重点攻克了其余核心功能模块，即特征/预测异常检测和模型性能漂移检测。

如图 6.6 所示，系统通过离线日级任务计算日志中的特征值和模型预测的统计偏差。不同于直接触发报警，系统会在每日报告中标注关键模型性能指标（包括调用量、模型预测均值、特征值均值和特征空值率）的显著性偏差，供模型维护者人工核查。

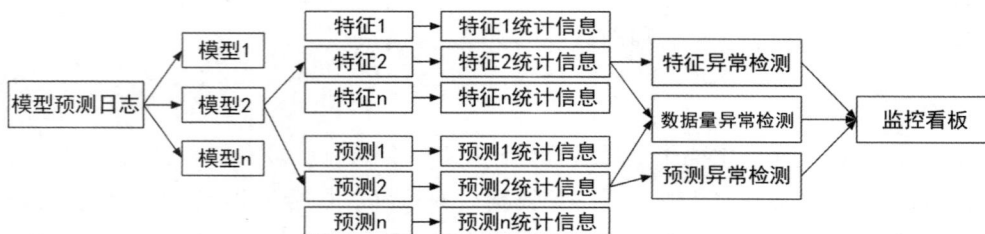

图 6.6　计算日志中的特征值和模型预测的统计偏差（改编自异常检测系统组件）

他们的自动统计检查方法不需要模型所有者进行任何上手配置。

---

① Mihir Mathur and Jonas Timmermann, Full-Spectrum ML Model Monitoring at Lyft, 2022, https://eng.lyft.com/full-spectrum-ml-model-monitoring-at-lyft-a4cdaf828e8f

与异常检测方法类似，性能漂移检测同样采用离线的定期调度机制。该检测通过对比模型预测结果与真实值来实现。由于不同模型的真实值的获取方式各异，因此要求模型所有者必须提供以下三项信息：

- 用于获取真实值的 SQL 查询语句。
- 计算性能指标的后处理逻辑。
- 针对这些指标的验证规则集。

这种漂移检测方法能有效识别复杂的模型性能问题。但因其需要较多人工介入，故仅适用于能可靠获取真实值的应用场景。

3. 文化转型推动落地

Lyft 博客特别指出，推广机器学习监控方案需要相应的文化转型。

除非将监控深度整合到模型开发流程中，否则模型所有者通常不会优先关注生产环境的运维问题。Lyft 机器学习平台团队为推广其监控方案，采取了组合策略：

- 着力优化配置流程，最大限度降低使用门槛。
- 通过非正式技术分享会与产品团队协作，持续向内部用户强调监控价值。
- 在实现自然增长后，强制要求所有模型必须接入监控。

与其他企业类似，Lyft 团队认识到构建机器学习监控属于防御性投资（即防范风险而非创造收益），在资源有限时，监控项目往往难以优先于那些直接影响收入或利润的项目。通常需要经历造成实际经济损失的生产事故，才能真正体现监控系统的价值。

6.3.2　开源

近年涌现出多个与机器学习可观测性相关的开源项目。本节重点介绍的三个项目覆盖了机器学习可观测性基础设施的核心需求，包括数据与特征生成阶段的验证机制、预测关键统计属性的记录和捕获，以及从验证到生产环境全流程的模型评估、测试与监控。

1. Great Expectations

优质数据是机器学习系统的生命线。在机器学习开发生命周期中，数据与特征的测试和验证对诸多环节都至关重要，包括数据摄取、特征工程、模型推理等。图 6.7 表明了需要数据验证的关键环节，这些验证能确保预测准确性，最终帮助组织从成功的机器学习项目中获得投资回报率。

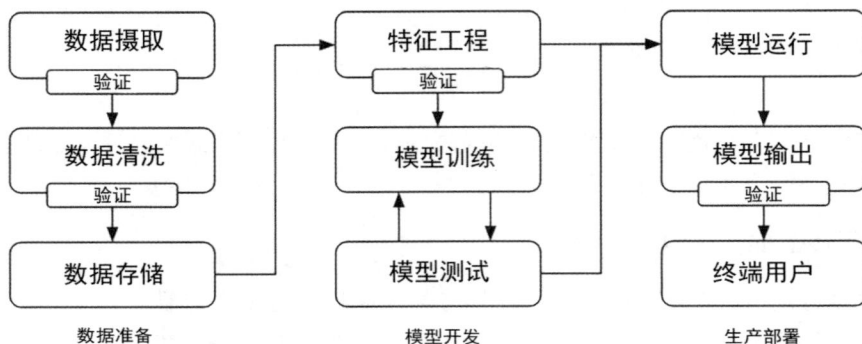

图 6.7 数据验证环节（改编自《Great Expectations 如何融入 MLOps？》[①]）

Great Expectations 是一个 Python 开源项目，其定位是数据验证与文档化框架。该项目的创建者认为数据质量问题不应阻碍创新，其核心理念是通过主动的数据验证和文档化来解决这些问题。换言之，他们主张构建具有"原生内置"数据质量保障机制（而非事后补救）的数据管道。

Great Expectations 框架的核心概念称为"期望"（Expectation），该设计允许用户以声明式的方式清晰简洁地定义数据应满足的条件，使得这些条件具备良好的可读性。本质上，每个期望都以人类可读的形式声明数据的预期状态，这种表述方式对技术人员和非技术人员都具有实际意义。

> **注意** 用户反馈
> 对于某些机器学习应用，用户反馈可作为验证手段来提升模型性能。上述步骤重点强调了将模型投入生产环境时涉及的常规验证和测试流程。

---

① How does Great Expectations fit into ML Ops?, 2020, https://greatexpectations.io/blog/ml-ops-great-expectations

Great Expectations 框架基于 Python 库实现，内置了丰富的期望类型，涵盖从基础的表行数校验、缺失值检测，到复杂的数值分布、均值及标准差验证等多种场景。该框架在设计上注重灵活性和可扩展性，当遇到特殊需求时，用户社区能够便捷地创建自定义期望类型。要查看最新完整的期望列表，请访问 https://greatexpectations.io/expectations/。

代码清单 6-1 展示了表级和列级期望的应用示例。

代码清单 6-1　表级与列级期望示例

```
# 导入库并加载待验证数据
import great_expectations as gx
validator = gx.read_csv("<data file location>")
# 表级期望
validator.expect_table_row_count_to_be_between(min_value=100,
max_value=300)
# 列级期望
validator.expect_column_values_not_to_be_null("salary")
validator.expect_column_values_not_to_be_unique("id")
validator.expect_column_max_to_be_between("age", min_value=100,
max_value=120)
validator.expect_column_mean_to_be_between("age", 20, 40)
# validator.get_expectation_suite()
```

该框架还提供更多功能强大的期望类型以满足各类数据验证需求。

在 MLOps 管道中，Great Expectations Python 库能够轻松集成至各个处理环节，在机器学习生命周期的不同阶段执行数据验证。验证结果可生成人类可读的报告，便于离线审查或与数据相关方共享。图 6.8 展示了验证报告，它对 passenger_count 和 pickup_datetime 两个字段进行了成功的验证。

2. whylogs

研究表明，高质量的数据对模型性能非常重要。然而现实世界的数据持续变化，若不对模型进行持续监控和更新，可能导致模型性能衰减。要维持生产环境中的模型性能，关键在于能够轻松快速地检测并监控底层数据分布的变化。

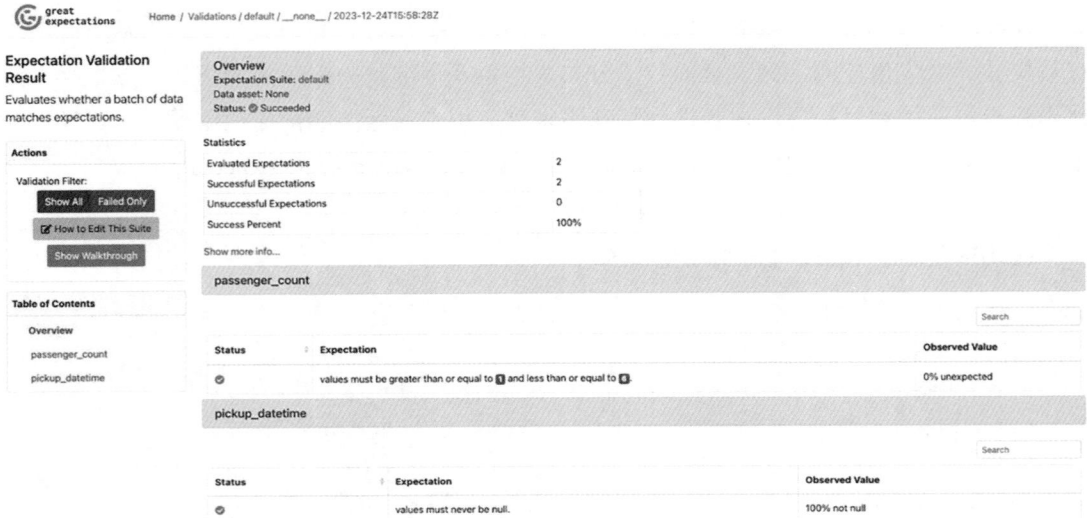

图 6.8 人类可读格式的验证报告示例

whylogs 是一个开源库，能够生成多种数据类型的统计摘要，涵盖表格数据、文本、音频、图像等类型。与传统数据采样技术不同，该库采用数据画像技术，即便面对海量日志数据，也能准确捕捉罕见事件和异常值。生成的统计摘要称为 whylogs 画像，以标准格式记录时间区间内的数据快照。这些画像提供关键统计指标的全景视图，包括数值分布、唯一值计数、分位数、高频项等，并支持用户自定义指标和元数据进行扩展。

whylogs 画像主要支持三大功能，包括实时监控数据质量、追踪数据集随时间的变化趋势、可视化分析。这些功能为机器学习可观测性提供了坚实基础，可应用于特征漂移检测、概念漂移识别、性能衰减分析、模型输入验证等典型场景。

该画像系统采用生成与应用的解耦设计，在保持灵活性和可扩展性的同时，具备以下核心特性，特别适合特征工程和机器学习管道等对性能要求严苛的场景。

● 高效性：画像文件体积轻巧，能高效表征数据集特征。所有统计信息通过流式处理单次遍历即可完成收集，内存消耗极低。这种设计使得处理规模与数据列数（而非数据总量）呈线性关系。

● 可定制性：支持灵活配置统计参数，针对不同数据类型（如文本、图像）和用例需求，可添加定制化追踪器。

● 可合并性：画像支持分布式生成，后期可通过合并操作生成聚合画像，便于大规模数据分析。

注意　数据采样与数据画像

在微服务领域，日志记录已成为监控系统健康度的标准实践。数据领域的数据日志记录具有相似目标，主要采用两种方法，即采样和画像。

数据采样通过随机或程序化方式从数据流中抽取样本，该方法实现简单但存在明显局限。可能遗漏关键统计特征（如罕见事件、极值），难以准确估算最小值/最大值及唯一值数量。

数据画像[①]（亦称数据素描或统计指纹）则通过高效流式算法，生成可扩展的轻量级统计摘要。这种方法不仅能准确捕捉异常数据，其输出的直方图、均值、标准差等统计量也更易于解读。

代码清单 6-2 演示了如何在 Python 中快速生成 whylogs 画像，需安装 whylogs 包。

代码清单 6-2　使用 whylogs Python API 生成画像

```
# 数据准备与验证设置
import whylogs as why
import pandas as pd
df = pd.read_csv("<数据文件路径>")
# 生成数据画像
data_profile = why.log(df)
# 转换为Pandas DataFrame并查看
data_profile_view = data_profile.view()
data_profile_df = data_profile_view.to_pandas()
```

默认情况下，生成的 whylogs 画像的行数与记录数据集的列数相同。记录数据集中每

[①]　Isaac Buckus, Sampling isn't enough, profile your ML data instead, 2020, https://towardsdatascience.com/sampling-isnt-enough-profile-your-ml-datainstead-6a28fcfb2bd4

个列的标准生成指标会存储在 whylogs 画像各行对应的列字段中。这些标准指标的类别包括计数、基数、分布和类型。关于生成指标的更多详细信息，可参考位于 https://whylogs.readthedocs.io/en/latest/examples/basic/Inspecting_Profiles.html 的文档。

要可视化生成的 whylogs 画像的摘要和漂移报告，可以使用 NotebookProfileVisualizer 类。代码清单 6-3 展示了如何为泰坦尼克数据集生成并展示报告示例。

代码清单 6-3　使用 whylogs Python API 生成漂移报告的示例

```python
# 导入库并准备数据
import whylogs as why
import pandas as pd
titanic_df = pd.read_csv("titanic.csv")
# 根据 Survived 字段分割数据集,用于漂移分析,生成完整数据集画像
titanic_profile = why.log(titanic_df)
profile = titanic_profile.profile()
prof_view = profile.view()
# 生成参考画像
cond_reference = (titanic_df['Survived']==0)
titanic_reference = titanic_df.loc[cond_reference]
# 删除列 Survived 和 Name
titanic_reference = titanic_reference.drop(["Survived","Name"], axis=1)
ref_result = why.log(pandas=titanic_reference)
ref_prof_view = ref_result.view()
# 生成目标画像
cond_target = (titanic_df['Survived']==1)
titanic_target = titanic_df.loc[cond_target]
# 删除列 Survived 和 Name
titanic_target = titanic_target.drop(["Survived","Name"], axis=1)
target_result = why.log(pandas=titanic_target)
target_prof_view = target_result.view()
# 创建可视化报告
from whylogs.viz import NotebookProfileVisualizer
visualization = NotebookProfileVisualizer()
```

```
visualization.set_profiles(target_profile_view=target_prof_view,
reference_profile_view=ref_prof_view)
# 生成漂移分析报告
visualization.summary_drift_report()
```

图 6.9 展示了通过两个 whylogs 画像生成的漂移报告示例。该报告通过可视化对比不同数据分布的差异，直观展示了数据漂移现象。

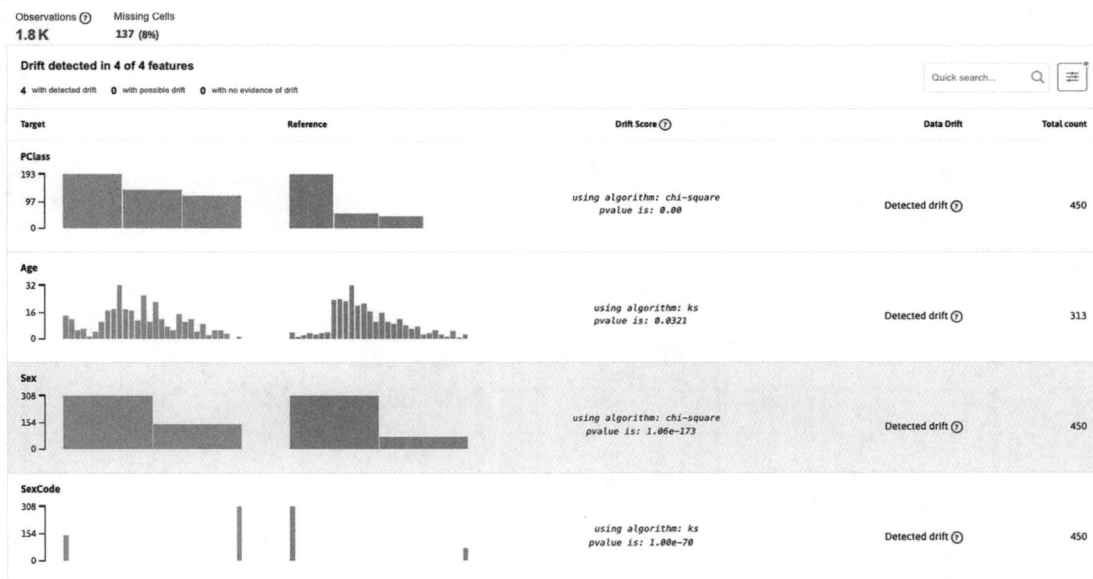

图 6.9　基于泰坦尼克数据集生成的两种 whylogs 配置文件得出的漂移报告示例

为更直观地展示各特征的分布情况，我们可以通过直方图（针对数值特征）或分布图（针对类别特征）叠加两个分布。代码清单 6-4 展示了实现该功能的代码片段，图 6.10 呈现了这两种可视化效果。

代码清单 6-4　使用 whylogs Python API 在直方图和分布图中叠加两个分布

```
# 延续代码清单 6-3
# 在双直方图中叠加数值特征Age的分布对比
visualization.double_histogram(feature_name="Age")
```

177

```
# 绘制类别特征Sex的分布对比图
visualization.distribution_chart(feature_name="Sex")
# 输出Age特征的统计信息
visualization2 = NotebookProfileVisualizer()
visualization2.set_profiles(target_profile_view=prof_view,
reference_profile_view=None)
visualization2.feature_statistics(feature_name="Age")
```

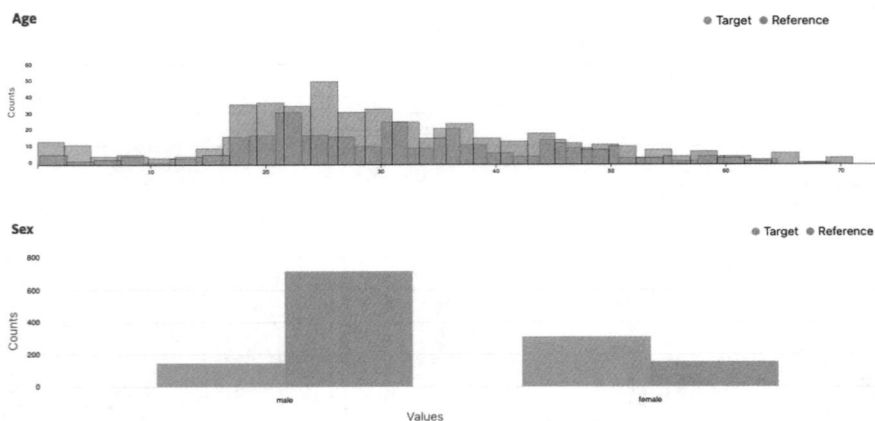

图 6.10　特征 Age 和 Sex 的直方图与分布图

通过这两个可视化图表可以明显看出，在参考配置文件与目标 whylogs 配置文件之间，特征 Age 和 Sex 的分布存在显著差异。

生成特征统计信息的过程非常简便。如代码清单 6-5 所示，我们仅需编写少量代码即可完成特征统计，其输出结果展示在图 6.11 中。

代码清单 6-5　使用 whylogs Python API 生成特征统计

```
# 延续自代码清单6-4
# 生成特征Age的统计信息
visualization2 = NotebookProfileVisualizer()
visualization2.set_profiles(
    target_profile_view=prof_view,
    reference_profile_view=None  # 不设置参考配置文件
```

```
)
visualization2.feature_statistics(feature_name="Age")
```

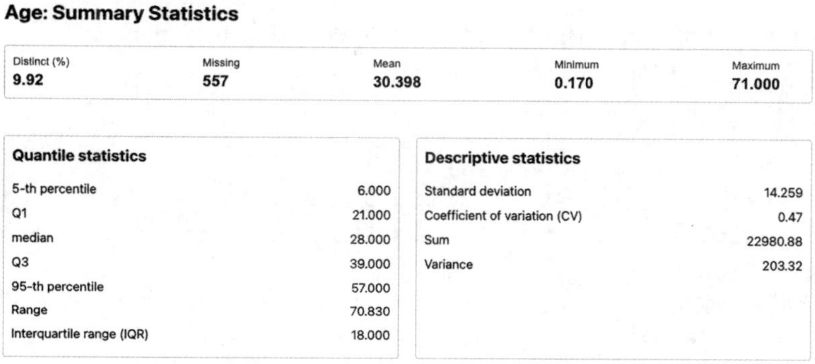

Age: Summary Statistics

Distinct (%)	Missing	Mean	Minimum	Maximum
9.92	557	30.398	0.170	71.000

Quantile statistics		Descriptive statistics	
5-th percentile	6.000	Standard deviation	14.259
Q1	21.000	Coefficient of variation (CV)	0.47
median	28.000	Sum	22980.88
Q3	39.000	Variance	203.32
95-th percentile	57.000		
Range	70.830		
Interquartile range (IQR)	18.000		

图 6.11 特征 Age 的各类统计属性

3. Evidently

Evidently 是一个开源的 Python 库，旨在帮助实现从验证到生产的全生命周期中，对数据和机器学习模型的评估、测试与监控。其核心概念包括指标（Metric）、报告（Report）、测试（Test）和测试套件（Test Suites）。

指标作为 Evidently 的核心组件，用于评估数据或模型质量的特定维度，例如缺失值数量、统计属性等。该库内置了丰富的数据质量、完整性、漂移检测及模型性能相关指标。

报告是多个指标的组合分析工具，可通过交互式图表直观呈现评估结果，也支持生成 JSON 格式或 Python 字典格式的内容。该功能常用于调试分析、探索性研究，以及基于交互可视化的即时数据分析。

测试在 Evidently 中定义为带有验证条件的指标，用于确认数据特征或模型性能是否符合预期。多个测试可组合成测试套件进行批量验证，这种机制能有效实现数据质量与模型性能的自动化验证，确保系统行为始终符合预设标准。

通过指标、报告、测试和测试套件的组合，Evidently 能够覆盖从即时分析、自动化管道测试到持续监控的多种应用场景。

Evidently 库内置了丰富的常用指标和测试模板，即预设（Presets），可快速实现常见场景下的数据与模型评估。完整的预设列表及详细说明可访问 https://docs.evidentlyai.com/presets/all-presets。

代码清单 6-6 演示了使用 Evidently Python API 生成数据漂移报告并获取泰坦尼克数据集中 Age 列统计属性的具体实现。

代码清单 6-6　使用 Evidently Python API 生成和可视化漂移报告

```python
# 导入必要的库
import pandas as pd
from evidently.report import Report
from evidently.metric_preset import DataDriftPreset
from evidently.metrics import DatasetSummaryMetric, ColumnSummaryMetric,
ColumnQuantileMetric
# 读取泰坦尼克数据集
titantic_df = pd.read_csv("../data/Titanic.csv")
# 删除冗余列"Unnamed: 0"
titantic_df = titantic_df.drop("Unnamed: 0", axis=1)
# 按生存状态划分数据集
cond_reference = (titantic_df['Survived']==0)
titanic_reference = titantic_df.loc[cond_reference]
cond_target = (titantic_df['Survived']==1)
titanic_target = titantic_df.loc[cond_target]
# 移除非特征列
titanic_reference = titanic_reference.drop(["Survived","Name"], axis=1)
titanic_target = titanic_target.drop(["Survived","Name"], axis=1)
# 创建并执行数据漂移分析报告
report = Report(metrics=[
    DataDriftPreset(),
])
report.run(reference_data=titanic_reference, current_data=titanic_target)
report.show(mode='inline')
# 生成特征Age的统计摘要报告
report2 = Report(metrics=[
    DatasetSummaryMetric(),
    ColumnSummaryMetric(column_name='Age'),
    ColumnQuantileMetric(column_name='Age', quantile=0.25),
])
report2.run(current_data=titantic_df, reference_data=None)
report2.show(mode='inline')
```

图 6.12 展示了 Age、PClass、SexCode 和 Sex 等特征的数据漂移报告，其形式与图 6.9 类似。图 6.13 则重点呈现了特征 Age 的详细统计属性分析结果。

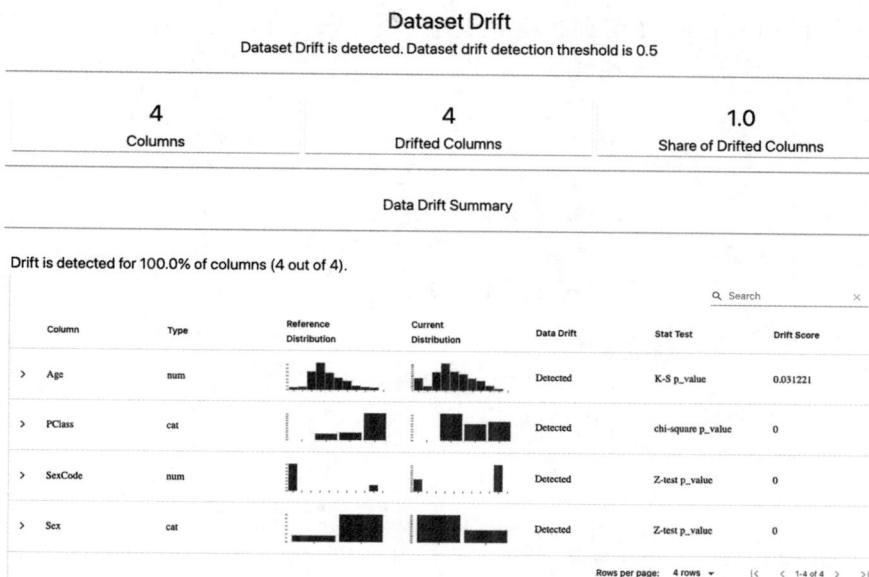

Dataset Drift

Dataset Drift is detected. Dataset drift detection threshold is 0.5

4	4	1.0
Columns	Drifted Columns	Share of Drifted Columns

Data Drift Summary

Drift is detected for 100.0% of columns (4 out of 4).

Column	Type	Reference Distribution	Current Distribution	Data Drift	Stat Test	Drift Score
> Age	num			Detected	K-S p_value	0.031221
> PClass	cat			Detected	chi-square p_value	0
> SexCode	num			Detected	Z-test p_value	0
> Sex	cat			Detected	Z-test p_value	0

Rows per page: 4 rows |< < 1-4 of 4 > >|

图 6.12 生成的漂移报告（涵盖 Age、PClass、SexCode 和 Sex 特征）

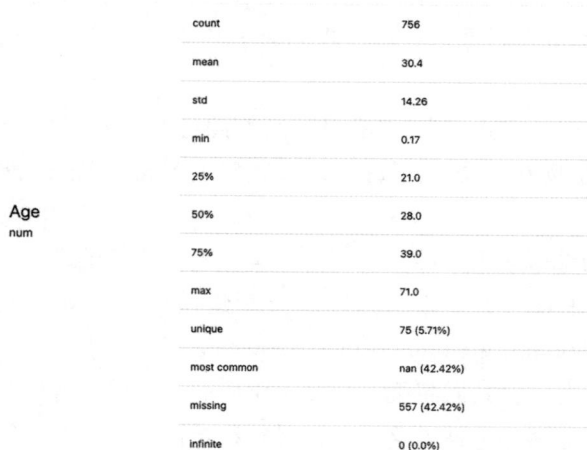

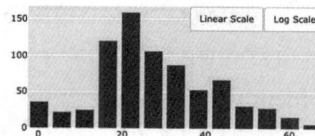

Age
num

count	756
mean	30.4
std	14.26
min	0.17
25%	21.0
50%	28.0
75%	39.0
max	71.0
unique	75 (5.71%)
most common	nan (42.42%)
missing	557 (42.42%)
infinite	0 (0.0%)

图 6.13 Age 特征的各项统计属性

生成的报告和测试套件输出结果支持审查和交互式可视化分析。要实现数据质量和模型性能的持续监控，需要建立定期收集数据并生成相关报告的系统，将这些结果集中存储并通过看板展示。Evidently ML 监控组件专为此类需求设计，可同时支持批量预测和实时预测场景，其系统架构如图 6.14 所示。

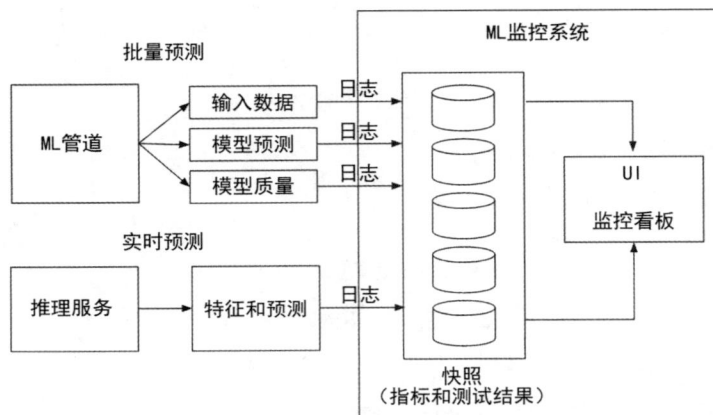

图 6.14　Evidently ML 监控组件架构（改编自 Evidently ML 监控系统，https://docs.evidentlyai.com/user-guide/monitoring/monitoring_overview）

上述机器学习监控系统包含三个核心组件，包括日志记录、快照存储和监控看板。

- 日志记录：通过 Evidently Python 库定期记录数据或机器学习模型质量的摘要信息，并生成 JSON 格式的快照。
- 快照存储：采用看板服务可访问的方式，对采集的 JSON 快照进行集中存储和管理。
- 监控看板：利用 Evidently 监控服务解析快照数据，通过交互式图表直观呈现采集的指标和测试结果。

Evidently 的机器学习监控组件为希望采用开源可观测性方案逐步构建基础设施的组织提供了基础框架。该组件目前仍处于持续开发演进阶段，最新进展可参考其官方文档 https://docs.evidentlyai.com/user-guide/monitoring/monitoring_overview。

本节重点介绍的三个开源方案具有关键共同特征，均属于供应商支持的开源软件。每个项目背后都有商业公司提供支持，能够保障技术路线图、系统稳定性与客户支持等方面的优势，通常还会配套提供功能更丰富的云端商业版本。

6.4　小结

机器学习可观测性在确保模型投产后的性能符合预期方面起着关键作用。随着时间的推移，数据漂移或模型漂移等因素可能导致模型性能逐渐衰减。这种性能衰减可能带来多维度的负面影响，涉及经济效益、用户体验乃至企业声誉等多个层面。

机器学习可观测性基础设施是技术架构的重要支柱，其核心功能包括性能问题检测、持续监控、异常报警和故障诊断。该体系的核心组件——可观测性存储，专门用于捕获机器学习开发全流程（涵盖特征工程、模型训练、模型评估和预测等阶段）产生的各类模型相关数据。这种多维数据的汇聚能力，使得可观测性存储能够有效满足机器学习监控的核心需求：快速定位模型性能问题，并显著缩短故障修复周期（MTTR）。完整的可观测性架构还应包含数据/指标采集与计算、报警通知、交互式可视化等组件。如图 6.15 所示的 AI/ML监控金字塔[①]表明，要实现完善的机器学习可观测性，需要多种监控手段的协同配合。

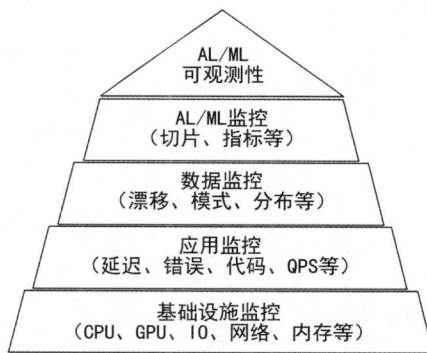

图 6.15　AI/ML 解决方案的监控金字塔

机器学习可观测性需要支持的主要部分包括特征验证、模型预测监控、特征和预测异

---

① Mederic Hurier, Is AI/ML Monitoring just Data Engineering, 2023, https://mlops.community/is-ai-ml-monitoring-just-data-engineering-%F0%9F%A4%94/

常检测，以及数据和模型漂移检测。诸如 Great Expectations、whylogs 和 Evidently 等开源解决方案可供组织采用，并集成到其机器学习可观测性基础设施中，以应对这些关键挑战。

　　三年前，企业不得不从零开始搭建自己的机器学习可观测性基础设施。如今已有二十余家厂商提供商业化解决方案[①]。这些解决方案日趋成熟，功能更加完善，并逐渐形成标准化范式。与这些商业化解决方案集成的流程已大幅简化。除非企业有特殊的可观测性需求，或业务规模超出商业化解决方案的支持能力，否则在"自建与采购"策略中评估商业化解决方案是明智之举。

---

① Ruth Sherdan, ML Observability - Hype or Here to Stay?, 2022, https://medium.com/at-the-front-line/ml-observability-hype-or-here-to-stay-acef064ff843

7 chapter

第 7 章
Ray Core

正如前几章所述，MLOps 在当今 AI 领域的重要性与日俱增。MLOps 的核心挑战之一在于管理机器学习相关的计算任务，包括从外部存储加载数据、执行必要的末端转换、训练 ML 模型、调优超参数以及生成推理结果。

许多刚涉足机器学习领域的企业通常使用单台机器执行这些计算任务。以 AWS EC2 的 p4d.24xlarge 实例为例，该机型配备 8 块显存为 40GB 的 NVIDIA A100 GPU，堪称性能怪兽。

然而，这种单机强力 GPU 方案存在明显缺陷，几乎所有企业在 MLOps 实践中最终都需要转向分布式计算。

首要挑战来自数据层面。深度学习算法在训练时需要海量数据支撑。当数据量和复杂度达到一定程度时，单机方案的局限性便暴露无遗。以本章撰写时的最强 GPU 芯片 NVIDIA A100 为例，其单卡配备 40GB 或 80GB 显存（GRAM），网络带宽为 400 Gbps。当数据规模达到 TB 级别时，单机加载和处理数据很快就会遇到瓶颈。

其次是成本因素（以及顶级 GPU 实例的可用性）。仍以 NVIDIA GPU 为例，在 EC2 平台（该结论同样适用于 Azure 和 GCP），租用单个顶级 GPU（如 A100）与租用多个中端 GPU

（如 A10G）相比，成本呈现指数级增长。更关键的是，即便愿意支付高昂费用，顶级 GPU 的预留难度仍然很大（如图 7.1 所示）。

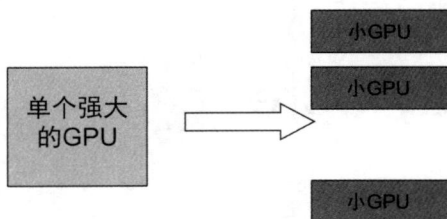

图 7.1　Ray 支持使用多个小 GPU 节点替代单个强大的 GPU

正是为了应对这些挑战，Ray 框架（https://docs.ray.io/）应运而生，为异构硬件提供便捷的分布式计算能力。该分布式计算框架支持在集群上弹性扩展程序执行，最初由加州大学伯克利分校于 2016 年作为开源项目创建，旨在支持包括实时机器学习在内的高级 ML 项目。过去几年间，Ray 已成为增长最快的开源分布式计算框架之一。

本章将首先介绍通用扩展框架 Ray Core（用于分布式扩展 Python 程序[①]），下一章则会深入讲解 Ray AI 库（这些库分别支持模型训练等专项任务）。图 7.2 完整展示了 Ray 的组件架构。

图 7.2　Ray Core 与 Ray AI 库

---

① Ray Core also supports Java and C++, but for the purposes of this chapter, we will focus on Python, which is the lingua franca in ML and MLOps

7.1　Ray Core 解析

本质上，Ray Core 在集群上实现了执行异步/并发程序。

开发者大多熟悉某种形式的异步编程，例如 Java 的 Future 模式或 Python 的多进程模块。这些并发原语构成了现代计算的基石，使程序能够并行执行多个任务并高效利用计算资源。无论是同时处理多个请求的 Web 服务器，还是执行并行计算的多核处理器，并发机制对构建高性能应用至关重要。

然而传统并发编程范式仅适用于单机环境。Ray 项目的核心创新在于将并发编程理念扩展到分布式领域，支持跨多机、跨异构设备的计算协同。

作为通用分布式计算框架，Ray Core 封装了通信、容错、资源分配等底层复杂度，使开发者能够专注于业务逻辑。由于本书篇幅所限，我们将重点解析与 MLOps 密切相关的 Ray 核心功能。

7.1.1　基础概念

开发者在开发和使用 Ray 程序时应理解的基本概念包括：

- 任务（Task）：远程函数调用。这是在与调用者不同的进程中（可能位于不同机器）执行的单个函数调用。任务可以是无状态的（@ray.remote 函数）或有状态的（@ray.remote 类的方法——参见 Actor）。任务与调用者异步执行.remote()调用会立即返回一个或多个 ObjectRef（future），用于获取返回值。
- 对象（Object）：应用值。对象是由 Task/Actor 返回的或通过 ray.put 创建的值。对象是不可变的，一旦创建便无法修改。工作节点可通过 ObjectRef 引用对象。
- Actor：有状态的工作进程（@ray.remote 类的实例）。Actor 任务必须通过句柄（或对特定 Actor 实例的 Python 引用）提交，且执行过程中可以修改 Actor 的内部状态。
- Driver：程序根节点或"主"程序。这是运行 ray.init()的代码。

● Job：源自同一 Driver 的任务、对象、Actor 及其运行时环境的集合（递归包含）。
Driver 和 Job 是一一对应的。

7.1.2　API 基础

本节首先对 Ray Core API 进行最基础的介绍，并展示如何在 Python 代码中使用这些 API。表 7.1 对最基础的 Ray API 进行了概念性说明，本节后续内容将提供更多细节介绍。

表 7.1　基础 Ray API（Python 版）

API	功能说明
ray.init	初始化 Ray 上下文并确保当前进程连接到 Ray 集群，可类比 SparkContext
@ray.remote	装饰 Python 函数和类，使其成为可在集群上执行的 Ray 任务和 Actor
.remote	后缀运算符，用于触发远程函数调用和类实例化的异步执行
ray.put(x)	将 Python 对象 x 存入 Ray 对象存储，确保其他 Ray 任务和 Actor 可以访问该对象
ray.get(y)	阻塞调用，等待解析 Python 对象。若 y 涉及函数调用，ray.get 将阻塞直到该函数及其所有依赖调用执行完成。若 y 已存入对象存储，ray.get 将阻塞直到从对象存储中检索到该对象

以下示例演示基础 API 的使用。我们首先展示如何扩展 Python 函数。函数是无状态计算的基本单元（通过输入生成输出，不维护可能改变输出的内部状态）。

下方示例第一部分是单线程运行的普通 Python 代码，定义了统计文件行数的函数。程序主体对两个不同文件分别调用该函数，并计算总行数。第二部分演示如何用 Ray 实现并行化。

```
# 不使用Ray的普通Python代码
def count_lines(file):
    # 统计文件行数得到n
    return n
a = count_lines(file_1)
b = count_lines(file_2)
c = a + b
```

```
# 使用Ray并行化代码
import ray
@ray.remote
```

```
def count_lines(file):
    # 统计文件行数得到n
    return n
a = count_lines.remote(file_1)
b = count_lines.remote(file_2)
c = ray.get(a) + ray.get(b)
```

图 7.3 展示了 Ray 如何实现异步计算。

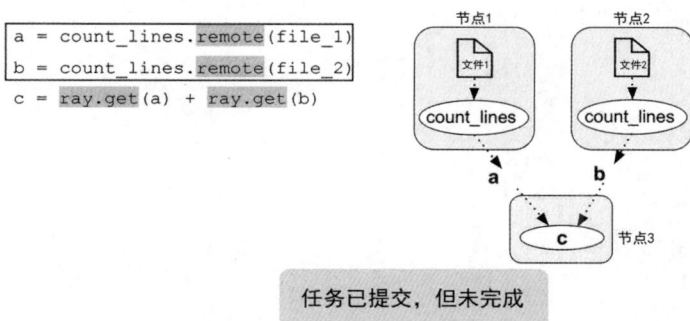

图 7.3　Ray 的异步计算实现

当调用 a = count_lines.remote(file_1)时，Ray 会立即提交实际的计算任务（具体执行由 Ray 调度系统管理）。但要注意，这些计算任务只有通过调用 c = ray.get(a) + ray.get(b)（特别是其中的 ray.get 方法）才能确保完成，这种机制与 Java Future 中的 get 方法调用原理相似。图 7.4 更直观地呈现了调用过程中的工作时序。

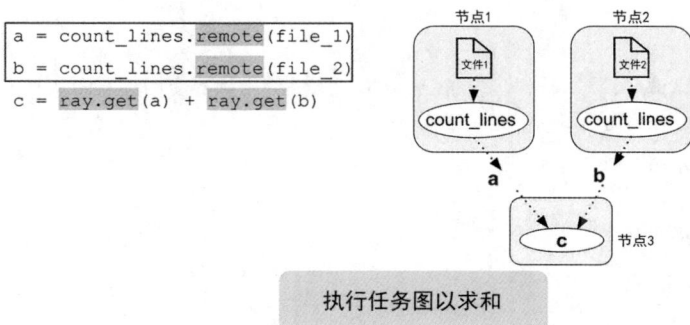

图 7.4　任务图执行

上述示例虽然简单，但在机器学习领域（以及对应的 MLOps 实践中），有状态计算往往至关重要。这种计算需要维护可持久化的对象状态，例如 Python 类中可以初始化和更新的属性，这些状态值能够被成员函数持续使用。

以模型推理为例，我们期望仅下载一次模型就能处理所有输入数据。在模型训练场景中，训练器需要跨多个迭代周期或批量保持状态信息，包括模型当前参数、梯度以及其他相关变量。

以下示例展示了如何使用 Ray Actor 实现有状态计算。

```python
import ray

@ray.remote
class Counter:
    def __init__(self):
        self.i = 0

    def get(self):
        return self.i

    def incr(self, value):
        self.i += value

# 创建Counter执行体
c = Counter.remote()

# 向执行体提交调用请求（这些请求在远端执行体进程中按提交顺序异步执行）
for _ in range(10):
    c.incr.remote(1)

# 获取执行体最终状态
print(ray.get(c.get.remote()))
# -> 10
```

本例中的状态是简单整型变量 i。与常规 Python 类机制一致，每次调用 c.incr 方法都会使内部状态 i 自增 1。

该模式可扩展至大型机器学习模型的场景。在大语言模型和生成式 AI 蓬勃发展的当下，预训练大模型的应用日益广泛。如下示例演示了如何通过三个 Ray Actor 并行托管 GPT-2 模型副本，并利用副本实现并行响应生成（借助配备 GPU 的多台服务器/虚拟机实现算力扩展）：

```python
import ray
import random

# 定义使用1个CPU和1个GPU的Actor，基于GPT-2模型生成文本响应
@ray.remote(num_cpus=1, num_gpus=1)
class Model:
    def __init__(self):
        # 加载超过700MB的GPT-2模型
        from transformers import pipeline
        self.model = pipeline("text-generation", model="gpt2")

    def respond(self, prompt: str) -> str:
        return self.model(prompt, max_length=20, num_return_sequences=5)

# 创建3个模型副本
models = [Model.remote() for _ in range(3)]

# 包含多个提示的列表
prompts = [
    "Tell me a joke",
    "Tell me a lullaby",
    "Best restaurant in San Francisco",
    "Hello",
    "Best movie",
    "Peter Pan's best friend"
]
```

```
# 将提示随机分配至 3 个模型副本（实现GPT-2计算的并行执行）
futures = []
for p in prompts:
    i = random.randint(0, 2)
    futures.append(models[i].respond.remote(p))

# 等待所有响应生成完成
print(ray.get(futures))
```

7.1.3　架构基础

作为集群计算框架，Ray 的架构与早期框架（如 Apache Hadoop、Apache Spark、Kubernetes 等）存在诸多相似之处。建议感兴趣的读者参阅《Ray 架构白皮书》（https://bit.ly/ray-arch）。本节将重点介绍在 MLOps 场景中使用 Ray 时最核心的架构组件。图 7.5 展示了 Ray 集群主要组件的简化架构示意图。

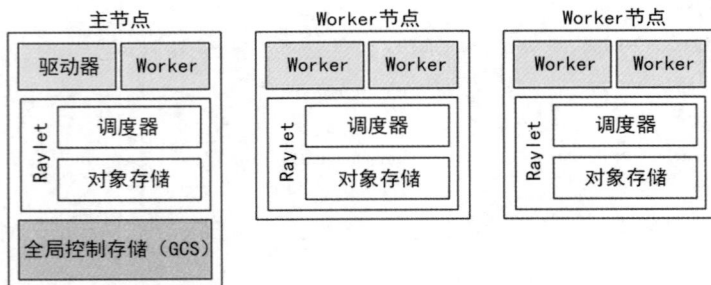

图 7.5　Ray 集群

当 Ray 集群在多个节点（例如物理服务器、云虚拟机、Kubernetes 容器等）上启动时，每个节点都会启动一个 raylet 进程。每个 raylet 是一个长期运行的守护进程，其生命周期通常与集群保持一致。这类似于 Apache Hadoop 中的 NodeManager 设计，或 Kubernetes 生态系统中使用的边车模式（sidecar pattern）。raylet 的主要职责包括以下三个方面：

● 管理工作进程（Worker），包括将任务（Task）调度到工作进程。

● 管理节点资源，包括内存和依赖项（例如需要安装的 Python 包）。

●·管理物理计算机的部分内存。集群中所有 raylet 管理的内存共同构成 Ray 对象存储，这是一个集群级的内存存储系统，为所有 Ray 对象提供全局命名空间。

每个 Ray 节点还包含多个工作进程。每个工作进程都是一个 Python 进程，用于执行任务（Task）或运行专用的 Ray Actor：

● 任务（Task）：默认情况下，Ray 集群启动时，每个节点会为每个 CPU 核启动一个工作进程。例如，8 节点集群（每个节点 32 核）将启动 256 个工作进程。这些工作进程以进程池形式执行任务。

● Actor：Ray Actor 同样在工作进程中运行，但会在运行时动态实例化（如示例中的 c = Counter.remote() 调用）。其所有方法都在同一进程执行，使用定义 Actor 时指定的资源。与任务不同，运行 Actor 的 Python 进程不可复用，且会在 Actor 删除时终止。主要原因在于 Ray Actor 支持有状态计算，其状态需要在生命周期结束时清理。

对于熟悉 Apache Spark 的读者，Ray 节点类似于 Spark 的工作节点（work 节点）。在节点内部，Ray 工作进程类似于 Spark 执行器（executor）的任务执行功能。但 Ray 工作进程还能执行有状态的 Actor，这是 Spark 不具备的特性。

所有 Ray 节点中有一个被指定为主节点（head node），其核心职责是管理全局控制服务（Global Control Service，GCS）。GCS 负责维护关键全局元数据（如 Actor 位置信息），更多架构细节可参考 https://bit.ly/ray-arch。

开发者可以通过驱动器进程（Driver process）直接对应 Ray 的基础 API。驱动器进程中的 Python 代码可实现如下功能：

● 任务（Task）：用 @ray.remote 装饰的 Python 函数通过 remote 调用后成为任务，这是 Ray 中无状态计算的基本单元。

● Actor：用 @ray.remote 装饰的 Python 类通过 remote 实例化后成为 Actor，这是有状态计算的基本单元（类属性表示 Actor 状态）。

● 对象（Object）：包括任务/Actor 方法的返回值，或通过 ray.put() 创建的引用。所有对象都存储在 Ray 对象存储中。

Ray 架构的核心是支持灵活高效的异步计算，基于所有权（Ownership）和依赖（Dependency）两大概念。图 7.6 展示了这两个概念如何通过 Python 代码→逻辑任务图→物理执行图的转换来实现。

所有权指每个对象由单一工作进程管理，该进程（作为所有者）负责确保对象创建任务的执行，并将对象引用解析为实际值。例如运行任务 a 的进程拥有其启动的任务 b，需确保任务 b 完成并获取返回值。

依赖表示任务的完成需要先决条件（其他任务/对象的完成）。如图 7.6 所示，任务 a 必须等待对象 x 的值解析完成后才能执行。

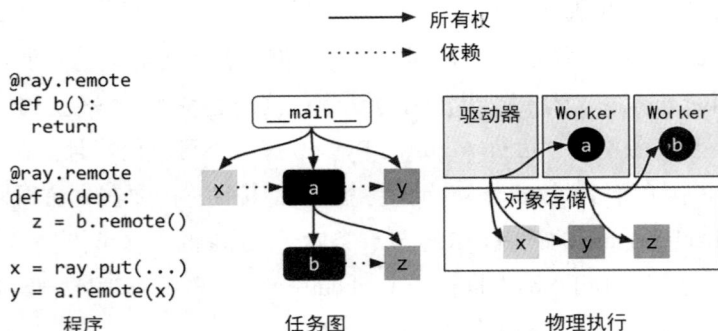

图 7.6　Ray 中的所有权与依赖

7.1.4　调度

调度是任何分布式系统的关键组件，这对 Ray 而言尤为重要，因为其目标是成为构建分布式应用的统一框架。Ray 的调度机制是专门针对计算密集型和数据密集型任务而设计的。本节我们将深入探讨 Ray 调度器的内部运作机制，解析其如何在分布式环境中实现高效任务调度。我们将剖析 Ray 采用的不同调度策略，以及如何根据具体应用需求进行定制化调整。

要理解 Ray 的调度机制及其在 MLOps 领域的影响，首先需要明确任务和 Actor 的生命周期。

任务的生命周期始于进程（驱动器或其他任务/Actor）调用被@ray.remote 装饰的 Python
函数。发起调用的进程将成为该任务的所有者（Owner），负责与 Raylet 协调获取任务所需
资源。例如，当任务被@ray.remote(num_cpus=2)修饰时，所有者需向一个或多个 Raylet 发
送资源请求，最终定位到至少有 2 个可用 CPU 的工作（Worker）进程。此时该工作进程即
被租借给所有者，所在节点的 Raylet 会记录该租赁信息。随后，所有者直接与租借的工作
进程协作，通过传输必要信息（例如函数参数）启动任务，整个过程如图 7.7 所示。

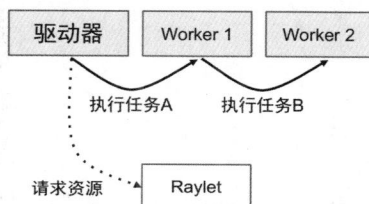

图 7.7　任务的生命周期

Actor 的生命周期与任务的生命周期存在显著差异，最核心的区别在于 GCS 的参与机
制。在现有 Ray 架构中，GCS 负责维护每个 Actor 的元数据。因此，每个 Actor 的创建过程
都需要经过 GCS。例如，当 Driver 进程调用 c＝Counter.remote()时，Driver 首先会向 GCS 注
册该 Actor。随后，GCS（与创建任务时由 Owner 进程负责的流程不同）将向 Raylet 申请计
算资源，并具体执行 Actor 的创建工作。图 7.8 展示了这个完整的工作流程。

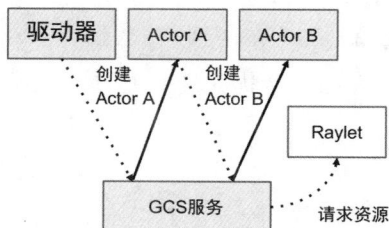

图 7.8　Actor 的生命周期

基于上述背景知识，我们现在深入理解 Ray 的调度策略，这对运行机器学习任务至关
重要。

调度的本质在于如何以最高效的方式将任务/Actor 的资源需求与 Ray 节点的可用资源进行匹配。首要步骤是统一资源的表示和定义方式。在 Ray 中，每个资源都以键值对的形式存在，例如"GPU": 2.0。启动 Ray 集群时，默认情况下各节点的资源配额继承自底层操作系统的检测结果[①]。例如，当在笔记本电脑上执行 ray start --head 启动单节点集群后，运行 ray status 命令可以看到类似如下的资源报告：

```
Resources
-------------------------------------
Usage:
 0.0/10.0 CPU
 0B/13.20GiB memory
 0B/2.00GiB object_store_memory
```

通过装饰器（例如@ray.remote(num_cpus=2)）声明任务/Actor 时，指定的资源需求属于逻辑约束。值得注意的是，当前版本的 Ray 并不会强制实施物理资源限制。

选择任务/Actor 的最佳运行位置时，除了满足目标节点的资源供给外，还需考虑其他关键因素。首要考量是数据局部性（data locality）。Ray 常用于处理数据密集型任务（如模型训练前的数据预处理），因此将任务调度到存储所需数据（例如任务参数）的同一节点至关重要。

以下示例演示了两个 Python 函数（即 Ray 任务）的定义和执行过程。第一个任务 read_array_from_file 从文件读取数据并返回 NumPy 数组。正如 7.1.3 节所述，返回值会存入 Ray 对象存储。第二个任务 double_array 接收该数组作为输入，生成每个元素值翻倍的新数组。当调度 double_array 时，Ray 会优先选择存储着 read_array_from_file 返回值的物理节点。

```python
import ray

@ray.remote
def read_array_from_file(file):
```

---

① 可通过自定义配置覆盖该默认设置。

```
    # 从文件读取数据为ndarray
    return arr

@ray.remote
def double_array(arr):
    return arr * 2

arr = read_array_from_file.remote(file1)
doubled_arr = ray.get(double_array.remote(arr))
print(doubled_arr)
```

第二个调度策略需要权衡打包（Packing）与扩散（Spreading）。这是分布式计算的经典问题，不局限于 Ray 框架。简而言之，打包策略致力于用尽可能少的节点满足任务/Actor 的资源需求，优势在于提升资源利用率，进而实现集群瘦身和成本优化。扩散策略则采用轮询方式将任务/Actor 分布到所有可用节点，有利于实现负载均衡。

最后介绍 Ray 调度的高级功能放置组（Placement Group）。该功能允许用户以事务方式跨多个节点预留资源组，这在需要得到最低资源保障才能执行的机器学习场景（即"群体调度"场景）中尤为重要。关于该机制的更多细节，访问 https://bit.ly/ray-arch 查阅官方文档。

7.1.5　容错

Ray 是一个成熟的分布式系统，这意味着故障的发生是常态，而非例外情况。通常可以将故障分为两种类型：（1）Ray 层级故障（Ray-level failure），（2）应用层级故障（Application-level failure）。我们可以通过软件抽象层和系统协议的角度理解这两种故障类型。

读者已经熟悉 Ray API 和架构的基本概念，我们可以通过 count_lines 示例再次解析这两种故障类型。如图 7.9 的简化示意图所示，如果节点 1 上的 Raylet 发生崩溃（例如被操作系统因意外原因终止），这类故障属于 Ray 层级故障。反之，若文件 1 体积过大导致 Python 函数 count_lines 出现内存溢出（OutOfMemory，OOM）错误，则属于应用层级故障。

更直观的理解方式是，Ray 的核心职责是将 Python 函数和类横向扩展到计算机集群中，因此任何在扩展过程中出现的系统级错误都属于 Ray 层级故障。而发生在被扩展的 Python 函数或类内部的逻辑错误[①]（即应用程序代码本身的错误）则属于应用层级故障。图 7.9 的示意图清晰地展示了这个区分框架。

```
a = count_lines.remote(file_1)
b = count_lines.remote(file_2)
c = ray.get(a) + ray.get(b)
```

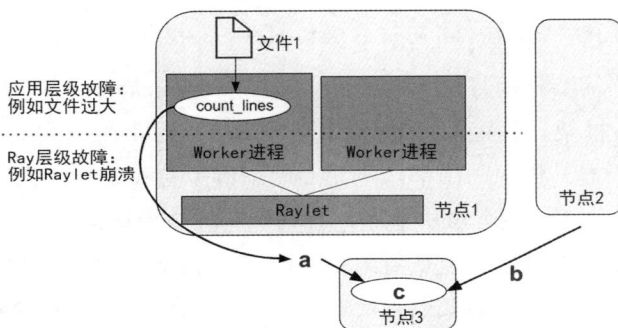

图 7.9　Ray 层级故障与应用层级故障

对于 Ray 层级故障，Ray 的常规做法是依赖重试和重建机制来自动实现故障恢复。Ray 为任务、Actor 和对象提供的容错机制具有相似原理但具体实现方式有所不同，详细差异如表 7.2 所示。

表 7.2　**Ray 任务、Actor 与对象的容错策略**

	容错策略
任务	默认情况下，失败的 Ray 任务将被重试 3 次，可以通过@ray.remote (max_retries=x)进行自定义设置
Actor	默认情况下，出现故障的 Ray Actor 不会重启，但可以通过@ray.remote (max_retries=y) 进行自定义设置
对象	Ray 将尝试通过重新执行必要的任务重建丢失的对象，这被称为"基于谱系的重建"

---

① 这类应用层级故障即使在单机本地运行相同的 Python 函数或类时，同样会触发相同的异常。

对于应用层级故障，最佳实践是在应用程序代码中捕获和处理返回的错误码（这是应用开发者的职责）。

另一个需要理解的重要容错概念是命运共享（fate-sharing）。当所有者进程发生故障时，其创建的 Ray 任务/Actor/对象会被视为失效（并进入垃圾回收流程）。在以下示例中，若运行任务 a 的工作进程故障，则任务 b 和对象 z 会连带失效并被回收。图 7.10 通过简单示例演示命运共享机制的工作原理。

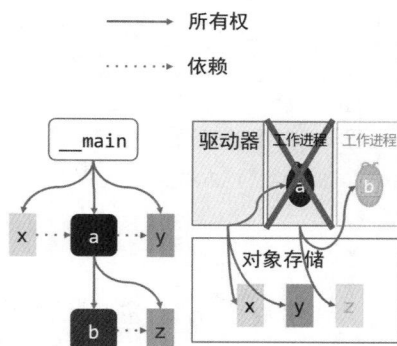

图 7.10　工作节点故障时的命运共享

7.2　KubeRay

Kubernetes 凭借其在分布式环境中管理和编排复杂容器化任务的能力，已成为 MLOps 领域标准的部署框架。随着机器学习模型和管道日趋复杂，其部署也面临更多挑战，往往需要集成多种工具（有时涉及 Python 和 Java 等不同编程语言）。Kubernetes 为管理容器化应用提供了统一平台，具备自动扩缩容、负载均衡和故障容错等核心能力。

KubeRay 项目（https://ray-project.github.io/kuberay/）是在 Kubernetes 上部署和管理 Ray 集群的标准方案。遵循 Kubernetes 的基本设计原则，KubeRay 将 Ray 的核心组件封装为 Pod 对象。

KubeRay 的核心组件是 KubeRay Operator。Operator 负责启动并维护其他 Ray 组件 Pod 的生命周期，包括主节点 Pod、工作节点 Pod 以及负责集群自动扩缩的 Autoscaler Pod。特别在当下流行的在线服务场景中，KubeRay Operator 需要确保 Ray 主节点 Pod 的高可用性。图 7.11 展示了 KubeRay 的架构。

图 7.11　KubeRay 的架构

7.3　小结

总而言之，在当前以 Python 为主导的 MLOps 生态系统中，Ray Core 已成为跨多个 CPU/GPU 服务器（及其他硬件加速器）进行算力扩展的领先框架。

若不使用 Ray，机器学习开发者和 MLOps 团队将难以同时满足两个冲突性需求：（1）实现机器学习模型的快速迭代；（2）每次迭代都需要配置具备大量计算资源（CPU、GPU、内存）的基础设施。Ray Core 通过本章介绍的架构创新（例如在集群中调度 Python 函数和类），赋予开发者"大规模快速迭代"的能力。为了保持开发者体验的简洁性，Ray Core 封装了分布式计算的复杂性，包括容错机制、资源管理、任务调度等核心功能。

近 2～3 年来，Ray 已获得行业头部 MLOps 团队的广泛采用，典型用户包括 Uber、DoorDash 和 Netflix 等企业。

我们预计，未来对大语言模型和生成式 AI 的强烈需求，将推动可扩展机器学习计算需求的快速增长。

7.4　参考文献

以下论文和资料有助于理解 Ray Core 与其他计算概念的关联。

- Ray 官方文档：https://docs.ray.io/。
- Wang, S., Liang, E., Oakes, E., Hindman, B., Luan, F.S., Cheng, A. and Stoica, I., 2021, April. Ownership: A Distributed Futures System for Fine-Grained Tasks. In *NSDI* (pp. 671-686)
- Wang, S., Hindman, B. and Stoica, I., 2021, June. In reference to RPC: it's time to add distributed memory. In *HotOS* (pp. 191-198)
- Ray v2 架构（https://bit.ly/ray-arch）。

第8章
Ray AI 库

8.1　概述

在上一章中，我们学习了 Ray Core 的核心知识及其在构建分布式程序中的应用。本章将介绍 Ray AI 库的核心概念，并说明如何利用这些库构建和部署典型的机器学习工作流。我们将通过一个实际应用案例演示库的使用方法，构建用于微调大语言模型的程序，部署该模型以实现在线推理功能，同时将其应用于离线批量推理场景。我们还将解析 Ray AI 库的适用场景与优势，概述 Ray AI 技术生态的组成架构。最后，深入探讨 Ray 与其他系统之间的协同关系。

8.2　Ray AI 库简介

Ray 的 AI 库是一套可在常见机器学习工作流中高效协同的工具集合。这些库可视为综合性工具包，通过为模型训练和自定义数据源访问等任务提供多种第三方集成，旨在支撑机器学习任务。它们封装了底层复杂性，提供直观的 API，具体包含以下组件：

- Ray Data 用于数据摄取与处理：要让机器学习模型有效工作，必须将数据预处理成模型可理解的格式。这个过程包括筛选数据并进行转换，最终输入模型。由于该过程可能具有挑战性，借助可靠工具尤为重要。Ray Data 能够以可扩展的方式实现数据加载、转换与消费，同时也支持在训练好的模型上进行批量预测等任务。

- Ray Train 和 Ray RLlib 用于模型训练：机器学习需要在预处理数据上训练算法，这涉及为特定任务选择合适算法。算法选择的多样性也至关重要：监督学习推荐使用 Ray Train，而强化学习实验则首选 RLlib。

- Ray Tune 用于超参数微调：在模型训练过程中，调整某些参数可提升性能。除了模型参数，训练前还需调整超参数，这些参数的合理设置会显著影响最终模型效果。Ray Tune 能有效协助完成超参数优化。

- Ray Serve 用于模型推理：为使训练好的模型可供调用，需要将其部署为可通过 HTTP 服务器等渠道访问的服务。Ray Serve 是专为机器学习模型的可扩展部署而设计的。

虽然机器学习应用构建需要考虑更多因素，但数据加载和处理、模型训练、超参数微调和模型推理这四个关键步骤决定着项目的成败。值得注意的是，Ray 为每个环节都提供了解决方案，且所有库均是基于分布式设计的，天然属于 Ray 生态系统的重要组成部分。

更重要的是，这些步骤通常作为数据科学流程的有机组成部分协同运作。Ray 的 AI 库在设计时就考虑了组件间的无缝协作，不仅提供统一的实验运行时和 API，还能根据需求弹性扩展任务。这意味着所述的所有库都具备良好的互操作性，既适用于原型开发，也适用于生产环境，后者需要特别关注可扩展性和可靠性等要素。图 8.1 简明概括了各 AI 库及其覆盖的用例。

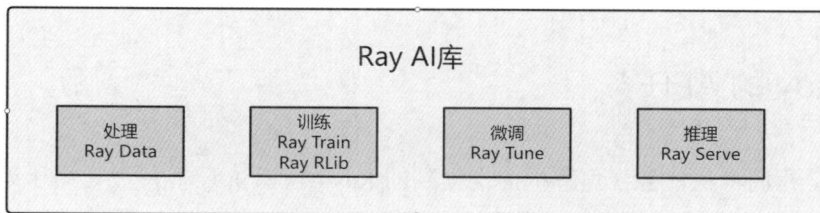

图 8.1　用于规模化解决机器学习用例的 Ray AI 库

8.3　使用 Ray 进行机器学习

过去几年间，基于 Ray 运行机器学习任务的技术持续演进。最初，面向强化学习任务的 Ray RLlib 和用于超参数优化的 Ray Tune 构建于 Ray Core 之上。随后逐步增加了更多组件，包括用于模型训练的 Ray Train、用于模型推理的 Ray Serve，以及最新推出的数据处理库 Ray Data。这些库的诞生源自机器学习社区的积极讨论和反馈。

Ray AI 库同时服务于数据科学家和机器学习工程师。数据科学家可用其构建和扩展端到端实验流程，处理预处理、训练、调优、评分或模型部署等独立任务。机器学习工程师则能灵活选择：既可基于 Ray AI 库构建定制化机器学习平台，也可单独使用这些库与现有生态系统中的其他工具集成。此外，用户还可直接调用底层的 Ray Core API 实现更高灵活性。Ray 作为原生 Python 工具，不仅具备强大的 GPU 支持能力，而有状态基础组件（Ray Actor），能胜任复杂机器学习任务，因此自然成为机器学习高级库开发的首选框架。

Ray 能实现从本地笔记本实验到集群生产工作流的无缝迁移。传统模式下，数据科学团队需将代码交接给工程团队进行生产部署，这往往涉及代码重构且耗时费力。Ray 通过自动处理可扩展性、可靠性及鲁棒性等问题，显著简化了该过程。

采用 Ray AI 库可避免同时管理多个分布式系统及其胶水代码（glue code）的复杂性。当系统组件过多时，团队常面临集成方案快速过时和维护负担过重的问题。这些挑战可能导致迁移疲劳（migration fatigue）——由于预期系统改动的复杂性，团队对新方案的采纳产生迟疑。

适用于 Ray 的 AI 任务

接下来，我们将从任务视角解析前文提到的 Ray AI 库。Ray 专门设计用于处理 AI 项目中的典型任务，这些任务的主要分类如下：

- 无状态计算：数据预处理、批量数据模型预测等无须保持状态的任务。此类任务可并行独立执行，由 Ray 任务处理。多数大数据处理工具属于此范畴。
- 有状态计算：涉及状态更新的任务，如模型训练和超参数调优。Ray Actor 负责处理分布式有状态工作节点的复杂性。
- 复合任务：结合无状态与有状态计算的场景，例如特征工程后接模型训练。Ray 通过协调无状态与有状态组件，能高效处理这类被称作大数据训练的复杂流程。
- 在线服务：Ray 同样擅长可扩展的在线模型推理。在 Ray 生态中，前三类任务可无缝衔接至在线服务阶段。

这些任务类型适用于多种场景，既可用于替换和扩展现有流水线的单个组件，也能构建端到端的机器学习应用。更重要的是，如后文所述，你甚至可以基于 Ray AI 库搭建专属的 AI 平台。图 8.2 简要概括了 Ray 支持的核心 AI 任务类型。

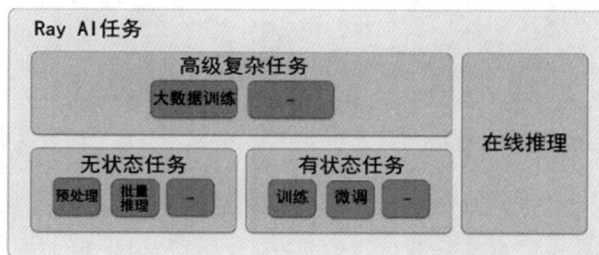

图 8.2　Ray 旨在处理广泛的 AI 任务

8.4　Ray AI 库简介

　　Ray AI 库的设计理念是让你能够通过单个 Python 脚本和 Ray 分布式系统处理复杂的机器学习任务。在讲解所有库协同工作的完整示例之前，我们先从数据摄取和处理入手，逐个了解各个核心抽象概念。

8.4.1　数据集与预处理器

在 Ray 中，数据处理的标准方法是使用 Ray Data 库提供的 Ray Datasets。为机器学习实验准备输入数据时，需要使用 Preprocessor 类实现。这些预处理器会将原始数据转换为特征，通过操作数据集并利用 Ray 的分布式能力，能够高效扩展预处理流程。

训练过程中，你需要先在指定训练数据上"拟合"预处理器，该预处理器随后可同时用于模型训练和推理服务。Ray Data 内置了涵盖各类用例的预处理器。若需特殊处理，也可根据需求轻松创建自定义预处理器。图 8.3 展示了预处理器如何作用于数据集并输出转换后的数据。

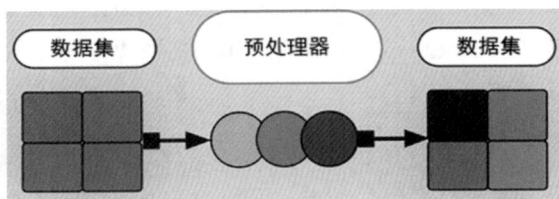

图 8.3　在 Ray Datasets 上使用预处理器输出转换后的数据集

代码清单 8-1 展示了基于 fit_transform 从内存数据创建数据集并使用 MinMaxScaler 预处理器进行[0,1]范围缩放的简单示例。我们将在后续章节讨论更大规模数据集的加载方法和更贴近实际场景的数据处理。需要特别说明的是，代码清单 8-1 以及本章所有代码示例均基于 Ray 2.7.0 版本，可通过 pip install "ray[data,train,tune,serve]==2.7.0"命令安装。

代码清单 8-1　使用 Python 创建 Ray Data Dataset 并利用预处理器进行特征缩放

```
import ray
from ray.data.preprocessors import MinMaxScaler

ds = ray.data.range(10)
preprocessor = MinMaxScaler(["id"])

ds_transformed = preprocessor.fit_transform(ds)
print(ds_transformed.take())
```

表 8.1 列出了 Ray Data 中常用的预处理器及其分类，其中部分预处理器将在后续章节中详细说明。

表 8.1　Ray Data 常用预处理器及其分类

预处理器类型	Ray Data 预处理器
特征缩放器（feature scalers）	MaxAbsScaler、MinMaxScaler、Normalizer、PowerTransformer、RobustScaler、StandardScaler
通用处理器（generic preprocessors）	Concatenator、Preprocessor、SimpleImputer
类别编码器（categorical encoders）	Categorizer、LabelEncoder、OneHotEncoder、MultiHotEncoder、OrdinalEncoder

8.4.2　训练器

完成 Ray 数据集的准备后，可通过 Ray Train 配置训练器（Trainer）。该组件负责在数据集上执行机器学习算法，并为 TensorFlow、PyTorch 和 HuggingFace 等训练框架提供统一接口。虽然下文示例主要使用 HuggingFace Transformers，但其他框架通过 Ray Train API 的集成方式与之类似。

本质上，Ray Trainer 实现了数据集的分布式机器学习训练。该组件还与 Ray Tune 深度集成，支持超参数优化功能（将在下节详述）。图 8.4 展示了训练器的基本工作原理。除了配置数据集，用户还需在调用训练器的 fit 方法前设置 ScalingConfig，该配置将自动创建分布式训练环境。

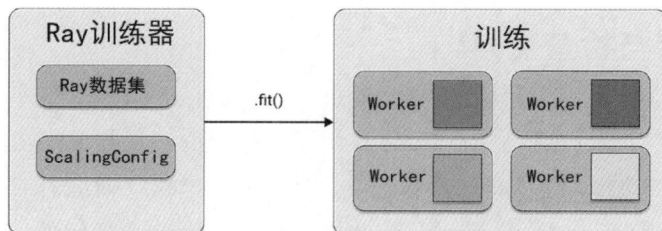

图 8.4　实例化并调用训练器执行数据分布式训练

在以下代码示例中（见代码清单 8-2），我们利用 Ray 的 XGBoost 集成功能定义了一个

XGBoostTrainer，用于在合成表格数据上训练简单模型。针对此类特定训练器，我们需要定义标签列（label_column），并通过将字典传递给 XGBoostTrainer 构造函数中的 params 参数来明确指定学习目标。需要特别注意的是，数据集参数必须包含 "train" 键，但也可以额外添加其他键，例如 "validation""test" 或自定义数据集。

代码清单 8-2　使用 Ray Train 运行 XGBoost 模型训练

```python
import ray
from ray.train.xgboost import XGBoostTrainer
from ray.train import ScalingConfig

train_dataset = ray.data.from_items(
    [{"x": x, "y": 2 * x} for x in range(0, 32, 3)]
)

trainer = XGBoostTrainer(
    label_column="y",
    params={"objective": "reg:squarederror"},
    scaling_config=ScalingConfig(num_workers=2),
    datasets={"train": train_dataset},
)

result = trainer.fit()
```

8.4.3　调优器与检查点

Ray 的调优器（Tuner）基于 Ray Tune 实现了可扩展的超参数调优功能，不仅能够与训练器（Trainer）无缝协作，还支持任意自定义训练函数。当执行训练器或调优器时，系统会生成框架专用的检查点（Checkpoint）。这些检查点可作为 Ray 各组件（如 Tune、Train 或 Serve）加载模型的通用接口。通过访问训练器或调优器的.fit()方法返回结果即可获取检查点，具体用法将在后续代码示例中演示。

检查点的核心价值在于其作为 Ray 原生模型交换格式的定位，使开发者能够便捷地存取训练好的模型，无须自行实现模型的存储/加载逻辑。图 8.5 展示了调优器与训练器的协作关系及检查点生成机制。

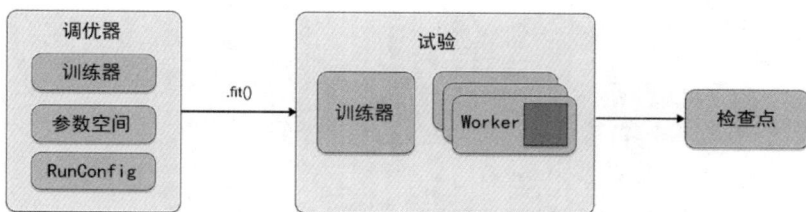

图 8.5　Ray 调优器在工作节点（Worker）集群上优化训练器的超参数，并自动生成检查点

为说明调优器的实际应用（见代码清单 8-3），我们仍以 XGBoost 训练器为例，但采用更复杂的参数配置和更大的数据集进行操作。除训练器实例外，调优器还接收两个关键参数：param_space 用于指定待优化的超参数空间，run_config 则定义训练实验的优化策略。

代码清单 8-3　使用调优器对 XGBoost 模型执行超参数优化

```
from sklearn.datasets import load_breast_cancer

from ray import tune
from ray.data import from_pandas
from ray.train import RunConfig, ScalingConfig
from ray.train.xgboost import XGBoostTrainer
from ray.tune.tuner import Tuner


def get_dataset():
    data_raw = load_breast_cancer(as_frame=True)
    dataset_df = data_raw["data"]
    dataset_df["target"] = data_raw["target"]
    dataset = from_pandas(dataset_df)
    return dataset


trainer = XGBoostTrainer(
```

```
        label_column="target",
        params={},
        datasets={"train": get_dataset()},
    )

param_space = {
    "scaling_config": ScalingConfig(
        num_workers=tune.grid_search([2, 4]),
        resources_per_worker={
            "CPU": tune.grid_search([1, 2]),
        },
    ),
    "params": {
        "objective": "binary:logistic",
        "tree_method": "approx",
        "eval_metric": ["logloss", "error"],
        "eta": tune.loguniform(1e-4, 1e-1),
        "subsample": tune.uniform(0.5, 1.0),
        "max_depth": tune.randint(1, 9),
    },
}
tuner = Tuner(trainable=trainer, param_space=param_space,
 run_config=RunConfig(name="my_tune_run"))

# 执行微调任务并获取检查点
result = tuner.fit()
checkpoint = result.checkpoint
```

8.4.4 运行批量预测

批量推理指在一组输入数据上生成模型预测。这里的模型通常是复杂的机器学习模型

（如神经网络），但也可以是一个简单的 Python 函数。批量推理（又称离线推理）的特点是按需对大批量数据执行模型推理，这与在线推理形成对比，后者会在数据点可用时立即执行推理。

在 Ray 中运行批量推理从概念上讲很简单，只需三个步骤。首先加载数据并进行预处理，然后定义模型及数据转换逻辑，最后使用 Ray Data 的 map_batches 方法应用转换。图 8.6 直观展示了这个流程。

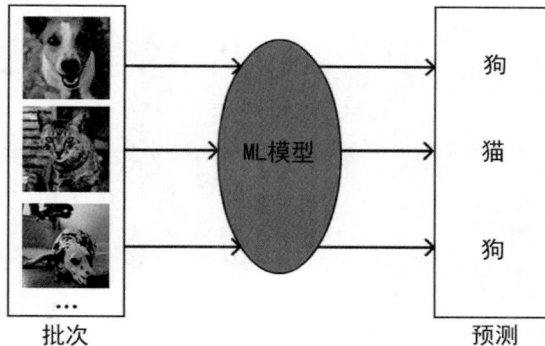

图 8.6　数据批次被映射到模型以按需获取预测

我们通过一个具体示例快速说明该流程。如代码清单 8-4 所示，从 HuggingFace 加载 GPT-2 模型构建预测器类，创建合成文本数据后使用 Ray Data 的 from_numpy 工具将其加载为数据集，最终通过 map_batches 获取预测。值得注意的是，这里采用 ActorPoolStrategy 策略实现计算资源的弹性扩展。

代码清单 8-4　在 HuggingFace Transformer 模型上运行批量预测任务

```
from typing import Dict
import numpy as np

import ray

# 步骤1：根据内存中的NumPy数组创建Ray数据集
ds = ray.data.from_numpy(np.asarray(["Complete this", "for me"]))
```

```
# 步骤2：定义一个用于推理的预测器类
class HuggingFacePredictor:
    def __init__(self):
        from transformers import pipeline
        # 初始化一个经过预训练的Huggingface GPT2模型推理管道
        self.model = pipeline("text-generation", model="gpt2")

    # 对一批数据进行推理的逻辑
    def __call__(self, batch: Dict[str, np.ndarray]):
        # 从输入的一批数据中获取预测结果
        predictions = self.model(
            list(batch["data"]), max_length=20, num_return_sequences=1
        )
        batch["output"] = [
            sequences[0]["generated_text"] for sequences in predictions
        ]
        return batch

# 使用2个并行的actor进行推理。每个actor对不同的数据分区进行预测
scale = ray.data.ActorPoolStrategy(size=2)

# 步骤3：在数据集上应用预测器类以获取预测结果
predictions = ds.map_batches(HuggingFacePredictor, compute=scale)

# 步骤4：展示预测输出结果
predictions.show(limit=1)
```

8.4.5　在线服务部署

相较于"离线"批量预测的直接调用方式，Ray Serve 支持通过 HTTP/S 协议部署可远程查询的推理服务。其核心抽象是部署（Deployment）。

我们通过代码清单 8-5 的英法翻译模型示例演示这一机制。使用@serve.deployment 装饰器即可将 HuggingFace 模型转换为可部署服务。

代码清单 8-5　使用 HuggingFace 翻译模型构建 Ray Serve 应用

```python
# 文件名: serve_quickstart.py
from starlette.requests import Request

import ray
from ray import serve

from transformers import pipeline

@serve.deployment(num_replicas=2, ray_actor_options={"num_cpus": 0.2,
"num_
gpus": 0})
class Translator:
    def __init__(self):
        # 加载模型
        self.model = pipeline("translation_en_to_fr", model="t5-small")

    def translate(self, text: str) -> str:
        # 执行推理
        model_output = self.model(text)

        # 对输出进行后处理, 仅返回翻译文本
        translation = model_output[0]["translation_text"]

        return translation

    async def __call__(self, http_request: Request) -> str:
        english_text: str = await http_request.json()
        return self.translate(english_text)

translator_app = Translator.bind()
```

执行 serve run serve_quickstart:translator_app 命令后，模型将部署在 http://127.0.0.1:8000/。测试时只需运行代码清单 8-6 中的 Python 脚本，即可通过 requests 库向服务端点发送查询。

代码清单 8-6　调用已部署的翻译模型获取结果

```
import requests

english_text = "Hello world!"

response = requests.post("http://127.0.0.1:8000/", json=english_text)
french_text = response.text

print(french_text)
```

至此，我们从宏观角度快速浏览了 Ray 的 AI 库。接下来将通过一个综合案例，展示 Data、Train、Tune 和 Serve 等组件如何协同解决实际业务问题。

8.5　大语言模型训练与部署实例

本案例将演示如何使用 Ray 对 GPT-J-6B 语言模型进行微调。该模型基于 Pile 数据集[①]进行训练，其架构理念源自 OpenAI 的 GPT-2，因包含 60 亿（6B）参数而得名（详见 HuggingFace 文档[②]）。虽然示例使用 HuggingFace Transformers 集成和预训练模型，但同样适用于其他类似模型。

注意，本案例不建议在本地笔记本计算机上运行。我们旨在展示中型语言模型微调与部署的真实场景，同时提供成本与运行时的实践参考。若你拥有配备现代 GPU 的高性能工作站，通过调整扩缩容配置虽可运行，但所需时间将远超本文所示时长。

[①]　Pile DataSet, https://huggingface.co/datasets/EleutherAI/pile

[②]　GPT-j HuggingFace documentation, https://huggingface.co/docs/transformers/model_doc/gptj

以下是本示例的具体实现步骤：

- 讨论如何启动已预装所需 Python 库的 Ray 集群。
- 加载较小规模的数据集用于 GPT-J-6B 模型的微调。
- 定义数据转换所需的自定义预处理器。
- 在规模可观的计算集群上分布式扩展微调过程（该部分基于 Ray 官方示例①，可查阅获取详细信息）。
- 验证训练后模型的预测有效性。
- 在测试集执行离线批处理（相关细节可参考 Ray 文档②）。
- 最终，部署模型端点的预测服务（延伸阅读参见示例③）。

我们预计这类工作流程将日益普及，因为企业都在尝试基于自身场景和数据定制大语言模型。通过深入探讨该案例，我们不仅能全面理解 Ray 生态系统各组件，还能建立完整的认知框架。

8.5.1　启动 Ray 集群与管理依赖

首先确保代码清单 8-7 所列依赖已正确安装在 Ray 集群的所有节点：

代码清单 8-7　本章所需的 Ray 及其依赖项安装说明

```
pip install "ray[data,train,tune,serve]==2.7.0" "accelerate==0.18.0"
pip install "transformers>=4.26.0" "torch>=1.12.0"
pip install "datasets" "evaluate" "deepspeed==0.8.3"
```

正确传播依赖项的方式是定义运行时环境④，但我们跳过这一步，并假设所有 Ray 集群

---

① GPT-J-6B Fine-Tuning with Ray and DeepSpeed, https://docs.ray.io/en/releases-2.7.0/train/examples/deepspeed/gptj_deepspeed_fine_tuning.html

② GPT-J-6B Fine-Tuning with Ray and DeepSpeed, https://docs.ray.io/en/releases-2.7.0/train/examples/deepspeed/gptj_deepspeed_fine_tuning.html

③ GPT-J-6B Serving with Ray, https://docs.ray.io/en/releases-2.7.0/ray-air/examples/gptj_serving.html

④ Runtime Environments, https://docs.ray.io/en/releases-2.7.0/ray-core/handlingdependencies.html

节点均可访问代码清单 8-7 中的 Python 包。如第 7 章所述，启动本地 Ray 集群只需单条命令（见代码清单 8-8）。推荐使用 Anyscale[①]运行本示例，该平台提供无缝的 Ray 即服务（Ray-as-a-service）。

代码清单 8-8　启动本地 Ray 集群

```
import ray

ray.init()
```

8.5.2　加载数据集并对其进行预处理

我们将在包含 40 000 行莎士比亚戏剧文本的 tiny_shakespeare 数据集[②]上微调 GPT-J-6B 模型，目标是优化这个基于现代英语训练的模型，使其擅长生成莎士比亚风格的文本。首先通过 HuggingFace Datasets 库加载数据集（代码清单 8-9）。

代码清单 8-9　使用 HuggingFace Datasets 加载莎士比亚文本语料库

```
from datasets import load_dataset

hf_dataset = load_dataset("tiny_shakespeare")
```

我们使用 Ray 的 Data 库进行分布式预处理和数据摄取。通过代码清单 8-10 的 from_huggingface 函数，可轻松将 HuggingFace 数据集转换为 Ray Dataset。

代码清单 8-10　将 HuggingFace 数据集转换为 Ray Dataset

```
import ray.data

ray_datasets = {
    "train": ray.data.from_huggingface(current_dataset["train"]),
```

---

① AnyScale, www.anyscale.com/

② Tiny shakespeare dataset, https://huggingface.co/datasets/tiny_shakespeare

```
    "validation": ray.data.from_huggingface(current_dataset["validation"])
}
```

注意，该数据集已划分为训练集和验证集。每个数据分片最初都是单个字符串，因此需要预处理才能用于训练。我们首先在代码清单 8-11 中定义两个辅助函数：

- split_text：将字符串分割为独立文本行，移除空行及以"："结尾的角色名（如 ROMEO：）。
- tokenize：使用模型对应的 HuggingFace Tokenizer 进行分词，通过填充（padding）和截断（truncation）确保每个样本长度为 512，这是模型训练的必要条件。

代码清单 8-11　定义预处理辅助函数

```
from transformers import AutoTokenizer

def split_text(batch: pd.DataFrame) -> pd.DataFrame:
    text = list(batch["text"])
    flat_text = "".join(text)
    split_text = [
        x.strip()
        for x in flat_text.split("\n")
        if x.strip() and not x.strip()[-1] == ":"
    ]
    return pd.DataFrame(split_text, columns=["text"])

def tokenize(batch: pd.DataFrame) -> dict:
    tokenizer = AutoTokenizer.from_pretrained(model_name, use_fast=False)
    tokenizer.pad_token = tokenizer.eos_token
    ret = tokenizer(
        list(batch["text"]),
        truncation=True,
        max_length=512,
        padding="max_length",
        return_tensors="np",
    )
```

```
    ret["labels"] = ret["input_ids"].copy()
    return dict(ret)
```

接下来，使用 Ray Data 的 map_batches API（代码清单 8-12）应用这两个预处理器。通过指定 batch_format="pandas"，我们确保这些函数能正确处理 Pandas 数据帧格式的数据。

代码清单 8-12　使用 map_batches 转换数据集

```
processed_datasets = {
    key: ds.map_batches(split_text, batch_format="pandas").map_
    batches(tokenize, batch_format="pandas")
    for key, ds in ray_datasets.items()
}
```

8.5.3　微调语言模型

我们现在可以配置 Ray 的 TorchTrainer 来执行 GPT-J-6B 模型的分布式微调。为此需要定义一个 trainer_init_per_worker 函数，该函数负责创建 HuggingFace Transformers 的 Trainer 对象。Ray 会在底层通过 PyTorch Distributed[①]的分布式数据并行（Distributed Data Parallelism，DDP）[②]机制分发 Trainer，这意味着每个工作进程都会持有模型的独立副本，但处理不同的数据批量。在每个训练步骤结束时，所有工作进程将同步模型更新。

GPT-J-6B 作为大型模型，无法在显存低于 16 GB 的 GPU 上运行。为此我们可以使用 DeepSpeed[③]——一个专门优化训练过程的库，支持通过状态卸载（offload）和分片（partition）技术降低显存消耗。DeepSpeed 的 ZeRO-3[④]（Zero Redundancy Optimizer，零延迟优化器）技术还能实现大模型的无内存溢出加载。

HuggingFace Transformers 与 Ray 的集成组件 TransformersTrainer 简化了 DDP 和

---

① Getting Started with Distributed Data Parallel, https://pytorch.org/tutorials/intermediate/ddp_tutorial.html

② PyTorch Distributed Overview, https://pytorch.org/tutorials/beginner/dist_overview.html

③ Microsoft DeepSpeed，https://github.com/microsoft/DeepSpeed

④ DeepSpeed ZeRO-3 Offload, www.deepspeed.ai/2021/03/07/zero3-offload.html

DeepSpeed 的配置流程。开发者只需在 TrainingArguments 对象①中指定 deepspeed 配置参数即可完成设置。

代码清单 8-13 展示的 Trainer 定义代码乍看可能显得冗长，但其核心逻辑其实非常清晰：

- 首先，定义 batch_size 等基础训练超参数。
- 配置 DeepSpeed 的运行参数（这部分配置内容较多，建议初次阅读时暂略）。
- 初始化将传递给 Trainer 的 TrainingArguments 对象。
- 从 HuggingFace 加载 GPT-J 模型及其对应的分词器。
- 最终，构建并返回配置完成的 Trainer 对象。

代码清单 8-13　配置 DeepSpeed 的 HuggingFace Transformers Trainer 实现

```
import evaluate
import torch
from transformers import (
    Trainer,
    TrainingArguments,
    GPTJForCausalLM,
    AutoTokenizer,
    default_data_collator,
)
from transformers.utils.logging import disable_progress_bar, enable_
progress_bar

from ray import train
from ray.train.huggingface.transformers import (
    prepare_trainer,
    RayTrainReportCallback
)

def trainer_init_per_worker(
        train_dataset, eval_dataset=None,
```

---

① HuggingFace TrainingArguments, https://huggingface.co/docs/transformers/en/main_classes/trainer# transformers.TrainingArguments

```
    **config):
os.environ["OMP_NUM_THREADS"] = str(
    train.get_context().get_trial_resources().bundles[-1].get("CPU", 1)
)
# 步骤1：tf32 以提升性能
torch.backends.cuda.matmul.allow_tf32 = True

batch_size = config.get("batch_size", 4)
epochs = config.get("epochs", 2)
warmup_steps = config.get("warmup_steps", 0)
learning_rate = config.get("learning_rate", 0.00002)
weight_decay = config.get("weight_decay", 0.01)
steps_per_epoch = config.get("steps_per_epoch")

# 步骤2：定义deepspeed配置
deepspeed = {
    "fp16": {
        "enabled": "auto",
        "initial_scale_power": 8,
    },
    "bf16": {"enabled": "auto"},
    "optimizer": {
        "type": "AdamW",
        "params": {
            "lr": "auto",
            "betas": "auto",
            "eps": "auto",
        },
    },
    "zero_optimization": {
        "stage": 3,
        "offload_optimizer": {
            "device": "cpu",
```

```
            "pin_memory": True,
        },
        "offload_param": {
            "device": "cpu",
            "pin_memory": True,
        },
        "overlap_comm": True,
        "contiguous_gradients": True,
        "reduce_bucket_size": "auto",
        "stage3_prefetch_bucket_size": "auto",
        "stage3_param_persistence_threshold": "auto",
        "gather_16bit_weights_on_model_save": True,
        "round_robin_gradients": True,
    },
    "gradient_accumulation_steps": "auto",
    "gradient_clipping": "auto",
    "steps_per_print": 10,
    "train_batch_size": "auto",
    "train_micro_batch_size_per_gpu": "auto",
    "wall_clock_breakdown": False,
}


# 步骤3：设置训练参数
training_args = TrainingArguments(
    "output",
    logging_steps=1,
    save_strategy="steps",
    save_steps=steps_per_epoch,
    max_steps=steps_per_epoch * epochs,
    learning_rate=learning_rate,
    weight_decay=weight_decay,
    warmup_steps=warmup_steps,
    label_names=["input_ids", "attention_mask"],
```

```
        push_to_hub=False,
        report_to="none",
        disable_tqdm=True, # declutter the output a little
        fp16=True,
        gradient_checkpointing=True,
        deepspeed=deepspeed,
)
disable_progress_bar()

# 步骤4：加载模型和预训练器
tokenizer = AutoTokenizer.from_pretrained(model_name)
tokenizer.pad_token = tokenizer.eos_token

print("Loading model")

model = GPTJForCausalLM.from_pretrained(
    model_name, use_cache=False
)
model.resize_token_embeddings(len(tokenizer))

print("Model loaded")

enable_progress_bar()

metric = evaluate.load("accuracy")

train_ds = train.get_dataset_shard("train")
eval_ds = train.get_dataset_shard("validation")

train_ds_iterable = train_ds.iter_torch_batches(
    batch_size=batch_size
)
eval_ds_iterable = eval_ds.iter_torch_batches(
```

```
        batch_size=batch_size
    )

def compute_metrics(eval_pred):
    logits, labels = eval_pred
    predictions = np.argmax(logits, axis=-1)
    return metric.compute(
        predictions=predictions, references=labels
    )

# 步骤5：创建并训练Trainer
trainer = Trainer(
    model=model,
    args=training_args,
    train_dataset=train_ds_iterable,
    eval_dataset=eval_ds_iterable,
    compute_metrics=compute_metrics,
    tokenizer=tokenizer,
    data_collator=default_data_collator,
)

# 添加回调函数，向Ray Train汇报检查点
trainer.add_callback(RayTrainReportCallback())
trainer = prepare_trainer(trainer)
trainer.train()
```

　　完成 trainer_init_per_worker 初始化配置后，如代码清单 8-14 所示，我们可以实例化 Ray 的 TorchTrainer。通过 scaling_config 设置工作节点数量和计算资源，并指定训练与评估数据集。我们将预先定义的数据分割器和分词器封装为 Chain 预处理链传入，这些预处理组件会随返回的 Checkpoint 保存，确保在推理阶段也能自动应用。调用 TorchTrainer.fit 方法启动 Ray 分布式训练后，将返回的 Result 对象存入变量以便获取训练指标和模型检查点。最终通过该对象可访问最终迭代的评估指标及对应的 Ray Checkpoint。

代码清单 8-14　　使用 Ray 启动训练流程

```python
from ray.train.torch import TorchTrainer
from ray.train import RunConfig, ScalingConfig

batch_size = 16
train_ds_size = processed_datasets["train"].count()
steps_per_epoch = train_ds_size // (batch_size * num_workers)

trainer = TorchTrainer(
    train_loop_per_worker=train_func,
    train_loop_config={
        "epochs": 1,
        "batch_size": batch_size, # 单设备
        "steps_per_epoch": steps_per_epoch
    },
    scaling_config=ScalingConfig(
        num_workers=num_workers,
        use_gpu=use_gpu,
        resources_per_worker={"GPU": 1, "CPU": cpus_per_worker},
    ),
    datasets=processed_datasets,
    run_config=RunConfig(storage_path=storage_path),
)

trainer.fit()

checkpoint = results.checkpoint
checkpoint
```

1. 训练运行配置考量

采用数据并行策略时，每个工作节点处理独立的数据分片。TrainingArguments 中设置的批量大小是单设备（per-device）批量大小，通过调整工作节点数量可改变有效批量大小，

进而影响训练时长。有效批量大小计算公式为：

单设备批量大小 × 工作节点数量 × 梯度累积步数

扩展工作节点数量能提升有效批量大小，从而缩短训练耗时：

- 虽然通信成本会导致加速比非线性增长，但实践中通常接近线性关系。
- 预处理后的莎士比亚数据集含 1348 个样本，单设备批量大小设为 16。当在 AWS[①] 平台使用 16 个 g4dn.4xlarge 工作节点时，有效批量大小达 256，相当于单周期有 85 个训练步数。包含初始化环节，该配置下单周期执行耗时约 2440 秒。
- 扩展至 32 个 g4dn.4xlarge 节点时，有效批量大小升至 512，单周期步数减至 43，执行耗时约 1280 秒。
- 若在本地计算机的单个 GPU 上运行，有效批量大小将成比例降低，训练速度也会同步下降。

2. 基于提示的文本生成

可通过微调模型进行文本生成预测。如代码清单 8-15 所示，我们采用 HuggingFace Transformers 的 pipeline 组件[②]实现预测功能。设置 device_map="auto"实现设备自动分配，并指定任务类型为"text-generation"。

代码清单 8-15　从检查点获取预测结果

```
from transformers import pipeline, AutoTokenizer, GPTJForCausalLM

model = GPTJForCausalLM.from_pretrained("/local/checkpoint")
tokenizer = AutoTokenizer.from_pretrained("/local/checkpoint")

pipe = pipeline(
    model=model,
    tokenizer=tokenizer,
    task="text-generation",
```

---

① Amazon EC2 G4 Instances, https://aws.amazon.com/ec2/instance-types/g4/
② HuggingFace Pipelines class, https://huggingface.co/docs/transformers/en/main_classes/pipelines

```
    torch_dtype=torch.float16,
    device_map="auto",
)

# 利用提示词生成文本
for sentence in pipe(["Romeo and Juliet", "Romeo", "Juliet"], do_
sample=True, min_length=20):
    print(sentence)
```

8.5.4　为 GPT-J 模型执行批量推理

不同于在小规模样本数据集上获取预测结果，现在我们将讨论如何对可能更大的 Ray Dataset 执行批量预测。通过 Ray 执行批量推理需要三个步骤：

● 加载 Ray Data 数据集并应用必要的预处理，这会将数据分布到整个集群。

● 在类中定义模型，并创建将模型应用于数据批量（默认格式为 Dict[str, np.ndarray]）的转换逻辑。

● 使用 Ray Data 的 ds.map_batches()方法执行推理，同时定义批处理任务在集群中的分布策略。

首先我们通过代码清单 8-16 定义包含文本提示的简单数据集，这些提示将作为大语言模型的输入。

代码清单 8-16　将演示数据集加载到 Ray Data 进行批量预测

```
import ray.data
import pandas as pd

prompt = (
    "In a shocking finding, scientists discovered a herd of",
    "unicorns living in a remote, previously unexplored valley"
)
```

```
ds = ray.data.from_pandas(
    pd.DataFrame([prompt] * 10, columns=["prompt"])
)
```

本例使用由多个提示副本组成的极小演示数据集。Ray Data 能够轻松处理更大规模的数据集。我们继续使用先前用过的 GPT-J-6B 模型。如代码清单 8-17 所示，最简便的方式是使用 map_batches 配合可调用类（即用户定义函数）。这种方式只需初始化模型一次，即可处理多个数据批量，显著提升效率。该类的核心功能包括模型初始化和实现处理数据批量的__call__方法。

代码清单 8-17　定义用于批量预测的可调用类 UDF

```
model_id = "EleutherAI/gpt-j-6B"
revision = "float16" # use float16 weights to fit in 16GB GPUs

class PredictCallable:
    def __init__(self, model_id: str, revision: str = None):
        from transformers import AutoModelForCausalLM, AutoTokenizer
        import torch

        self.model = AutoModelForCausalLM.from_pretrained(
            model_id,
            revision=revision,
            torch_dtype=torch.float16,
            low_cpu_mem_usage=True,
            device_map="auto", # automatically makes use of all GPUs
            available to the Actor
        )
        self.tokenizer = AutoTokenizer.from_pretrained(model_id)

    def __call__(self, batch: pd.DataFrame) -> pd.DataFrame:
        tokenized = self.tokenizer(
            list(batch["prompt"]), return_tensors="pt"
        )
```

```
input_ids = tokenized.input_ids.to(self.model.device)
attention_mask = tokenized.attention_mask.to(self.model.device)
gen_tokens = self.model.generate(
    input_ids=input_ids,
    attention_mask=attention_mask,
    do_sample=True,
    temperature=0.9,
    max_length=100,
    pad_token_id=self.tokenizer.eos_token_id,
)
return pd.DataFrame(
    self.tokenizer.batch_decode(gen_tokens), columns=["responses"]
)
```

接下来如代码清单 8-18 所示，对数据集执行 map_batches 方法。我们指定为每个运行该可调用类的 Ray Actor 分配一个 GPU。

需特别说明的是，在执行批量映射前将数据集重新分片为 100 个分片。这是为了确保产生足够的并行任务来充分利用所有 GPU。选择 100 是经验值，只要分片数大于集群可用 GPU 数量，可采用其他数值。

代码清单 8-18　通过 map_batches 方法获取批量预测结果

```
predictions = (
    ds
    .repartition(100)
    .map_batches(
        PredictCallable,
        batch_size=4,
        fn_constructor_kwargs=dict(
            model_id=model_id, revision=revision
        ),
        batch_format="pandas",
        compute=ray.data.ActorPoolStrategy(),
        num_gpus=1,
```

```
        )
)

predictions.take_all()
```

完成 map_batches 后，可通过 take_all()查看生成的文本。值得注意的是，本例未使用 Predictor。这是因为 Predictor 主要是为了与 Checkpoint 配合使用，而本例不涉及该组件。

8.5.5　运行在线模型推理

在这个扩展的大语言模型示例中，我们将演示 Ray 的最后一个核心功能，如何部署 GPT-J-6B 这类模型。如代码清单 8-19 所示，需要定义作为 Ray Serve 部署（serve.deployment）的可调用类。部署运行时包含多个副本，这些副本是部署在不同 Ray Actor 中的独立实例，其数量可根据请求负载动态调整。

通过设置 num_gpus 确保部署使用一个 GPU。在__init__方法中加载模型，实现单次初始化即可处理多个请求，从而优化资源使用。

代码清单 8-19　使用 serve.deployment 定义服务部署

```python
import pandas as pd

from ray import serve
from starlette.requests import Request

@serve.deployment(ray_actor_options={"num_gpus": 1})
class PredictDeployment:
    def __init__(self, model_id: str, revision: str = None):
        from transformers import AutoModelForCausalLM, AutoTokenizer
        import torch

        self.model = AutoModelForCausalLM.from_pretrained(
            model_id,
```

```
            revision=revision,
            torch_dtype=torch.float16,
            low_cpu_mem_usage=True,
            device_map="auto",  # 自动利用 Actor 可使用的所有 GPU
available to the Actor
        )
            self.tokenizer = AutoTokenizer.from_pretrained(model_id)

    def generate(self, text: str) -> pd.DataFrame:
        input_ids = self.tokenizer(text, return_tensors="pt").input_ids.to(
            self.model.device
        )
        gen_tokens = self.model.generate(
            input_ids,
            do_sample=True,
            temperature=0.9,
            max_length=100,
        )
        return pd.DataFrame(
            self.tokenizer.batch_decode(gen_tokens), columns=["responses"]
        )

    async def __call__(self, http_request: Request) -> str:
        json_request: str = await http_request.json()
        prompts = []
        for prompt in json_request:
            text = prompt["text"]
            if isinstance(text, list):
                prompts.extend(text)
            else:
                prompts.append(text)
        return self.generate(prompts)
```

现在可将部署与参数绑定，并通过 ray.serve.run 启动服务。若在 Jupyter Notebook 外运行，建议使用 serve runCLI 命令。此时需要从代码清单 8-20 中移除 serve.run(deployment)语句，改为在命令行执行 serve run <文件名>:deployment 启动部署。

代码清单 8-20　通过绑定和运行来启动 Ray Serve 部署

```
deployment = PredictDeployment.bind(
    model_id=model_id, revision=revision
)
serve.run(deployment)
```

我们尝试在代码清单 8-21 中向部署提交请求。使用与代码清单 8-16（批处理推理部分）相同的提示词，并向 localhost:8000 发送 POST 请求。该部署将生成响应并返回结果。

代码清单 8-21　在 Python 中获取 Serve 部署的预测

```
import requests

# 使用旧提示词
sample_input = {"text": prompt}

output = requests.post(
    "http://localhost:8000/", json=[sample_input]
).json()
print(output)
```

至此我们完成了扩展的大语言模型示例，涵盖了使用 Ray 进行微调和推理的全过程。需要特别强调的是，整个示例中我们仅使用单个 Python 脚本和 Ray 的单一分布式系统就完成了所有繁重工作。值得注意的是，你可以将此脚本直接扩展到大型集群，利用 CPU 进行预处理，利用 GPU 进行训练。通过调整扩缩配置参数和脚本中的相关选项，你可以轻松实现部署的独立配置。这种灵活性在业界并不常见，实践中数据科学家通常需要为不同任务使用多个框架，例如使用不同框架分别处理数据加载、模型训练和服务部署等环节。

8.6　Ray 的集成生态

接下来我们将从 Ray 的视角，探讨其丰富的集成生态如何支持典型的 AI 工作流。由于篇幅限制，我们无法提供具体代码示例，但会在必要时推荐延伸阅读资源。

按照先前介绍 Ray AI 库的顺序，我们在表 8.2 中总结了 Ray Data 支持的主要数据格式。值得注意的是，Ray Data 还支持对数据库和云存储进行数据读写等更多功能，具体可参考 Ray 官方文档[①]。

表 8.2　Ray Data 支持的数据格式与第三方集成

集成	类型	介绍
文本、二进制、图片、CSV、JSON	基础数据格式	Ray Data 支持加载/存储常见数据类型
NumPy、Pandas、Arrow、Parquet	高级数据格式	Ray Data 支持 Pandas 等标准机器学习数据结构库，同时也支持许多其他格式，例如 Parquet 格式
Spark、Dask、Mars、Modin	高级第三方集成	Ray 通过社区驱动的集成支持 Spark、Dask 等数据处理框架

表 8.3 简要列出专用于模型训练的两个库（Ray Train 和 RLlib）的主要集成。

表 8.3　Ray Train 和 RLlib 的可用集成

集成	类型
TensorFlow、PyTorch、XGBoost、LightGBM、Horovod、Keras	由 Ray 团队维护的 Train 集成
scikit-learn、Hugging Face、PyTorch Lightning	由社区维护的训练集成
TensorFlow、PyTorch、OpenAI Gym	由 Ray 团队维护的 RLlib 集成
JAX、Unity	由社区维护的 RLlib 集成

Ray Tune 的可用集成主要分为两大类：超参数优化库、日志记录与实验跟踪，具体如表 8.4 所示。

---

① Ray - Loading Data documentation, https://docs.ray.io/en/latest/data/loadingdata.html

表 8.4　Ray Tune 生态系统中的可用集成

集成	类型
Optuna、Hyperopt、Ax、Bayesian Optimization、BOHB、Dragonfly、FLAML、HEBO、Nevergrad、SigOpt、scikit-optimize、ZOOpt	超参数优化库集成
TensorBoard、MLflow、Weights & Biases、CometML	日志记录与实验跟踪集成

最后简要总结 Ray Serve 的可用集成，这些集成主要分为模型推理框架、可解释性与可观测性框架两大类（如表 8.5 所示）。

表 8.5　Ray Serve 的可用集成

集成	类型
FastAPI、Flask、Streamlit、Gradio	模型推理框架集成
Arize、Seldon、Alibi、WhyLabs	可解释性与可观测性

我们通过图 8.7 的简明图表总结本章提到的所有集成。图 8.7 展示了目前 Ray 生态系统支持的全部集成方案。

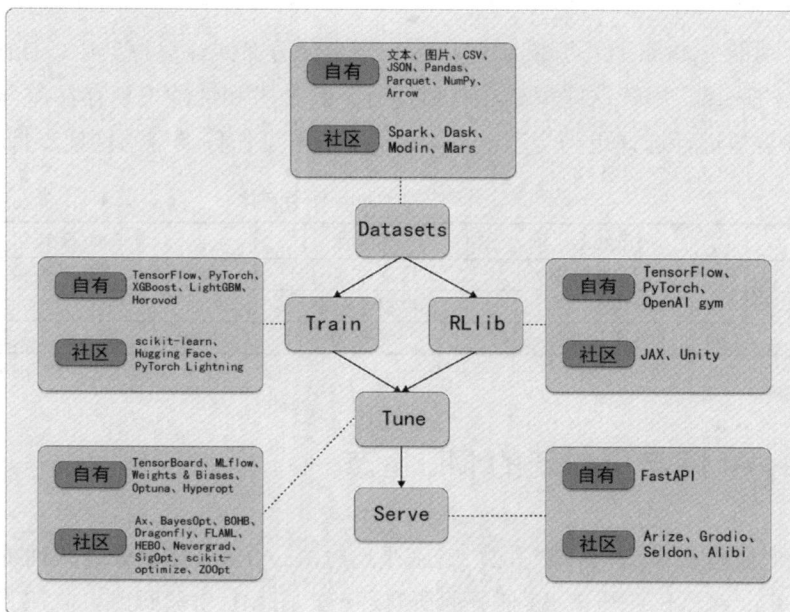

图 8.7　Ray AI 库及其集成生态

8.6.1　Ray 与同类系统的对比

基于前文对 Ray 及其库的深入解析，本节将系统性地对比 Ray 与同类产品的特性。Ray 生态系统具有多维度的应用场景，既能适应不同的技术视角，也可满足多样化的使用需求。这意味着我们可以从多个维度将 Ray 与市面上的其他工具进行对比。同时我们也将探讨如何将 Ray 集成到现有机器学习平台的复杂工作流中。

我们目前还没有直接将 Ray 与其他系统进行比较。鉴于 Ray 的灵活性以及它的众多组件，在更广泛的机器学习生态系统中，它可以与不同类型的工具进行比较。让我们先将 Ray 与更具代表性的候选对象进行比较，具体来说，就是与基于 Python 的集群计算框架进行比较。

8.6.2　分布式 Python 框架对比

在支持全功能 Python 且不强制绑定特定云平台的分布式计算框架中，Dask、Spark 和 Ray 是最主流的选择。尽管这些框架在具体场景下的技术和性能表现存在差异，但根据计划运行的任务类型进行选择更为合理。表 8.6 展示了常见任务类型的框架支持对比。

表 8.6　分布式 Python 任务对比

任务类型	Dask	Spark	Ray
深度学习	支持（非原生）	支持（非原生）	原生支持
结构化数据处理	原生支持	原生支持	支持（非原生）
低层级并行	通过任务实现原生支持	无支持	通过任务和 Actor 实现原生支持

8.6.3　Ray AI 库与更广泛的 ML 生态

Ray 的核心定位在于 AI 计算领域，特别是通过 Ray Train 提供分布式训练能力。但需要明确的是，Ray 并不试图覆盖 AI 任务的所有环节。在 ML 实验跟踪、监控工具以及数据存储方案方面，Ray 选择与现有解决方案进行集成，而非自行开发原生功能。

在某些特定工具领域，Ray 可被视为替代选项。例如相较于 TorchX 或 TFX 这类与特定框架深度绑定的工具包，Ray 采取了与框架无关的设计理念，既避免了供应商锁定风险，又能提供类似的功能支持。

在与云服务的对比方面，虽然一些主流云平台提供了与自身生态深度整合的机器学习全流程工具，例如 AWS Sagemaker 就是 AWS 生态中的一体化解决方案。但 Ray 的定位并非取代这些工具，而是为训练、评估和服务等计算密集型环节提供替代性解决方案。

对于 KubeFlow 或 Flyte 这类机器学习工作流框架，Ray 同样具备替代价值。不同于众多基于容器的解决方案，Ray 不仅提供了简单易用的 Python API，还内置了对分布式数据的原生支持。

在实际应用场景中，Ray 的角色可能具有双重性，既可以是替代方案，也可以是生态补充组件。例如作为开源系统，Ray 既可集成在 SageMaker 等托管 ML 平台中使用，也可作为自建 ML 平台的基础设施。虽然 Ray 并不直接对标 Spark 或 Dask 等专用大数据处理系统，但在多数场景下，Ray Datasets 已能有效满足数据处理需求。

正如前文所述，Ray 的设计哲学强调通过单一脚本实现机器学习工作流的表达，并将其作为统一的分布式系统在 Ray 上执行。得益于 Ray 自动化的集群任务调度机制，通常不需要显式编排或与其他分布式系统的复杂集成。需要强调的是，应灵活解读这种设计理念。当遇到需要多系统协作或任务分阶段执行的场景时，配合使用 Argo、AirFlow 等专业工作流编排工具将产生更大价值。例如开发者可以选择将 Ray 集成到 Lightning MLOps[①]框架中，作为其工作流的一个执行环节。

8.6.4　将 Ray 集成到机器学习平台

要构建自有的机器学习平台并将 Ray 与其他生态组件集成，系统的核心架构应由多个 Ray 集群组成，各自负责不同的任务。例如，某个集群可承担数据预处理、PyTorch 模型训练和实时推理任务，而另一个集群可专注于批量推理以及与 Lightning.ai 的模型集成（参见

---

① 　Lightning Ai, https://lightning.ai/

https://lightning.ai/serving）。为满足扩展需求，可通过 Ray Autoscaler 配合 KubeRay 将系统部署到 Kubernetes 集群。此外，你还可以根据实际需求在该核心系统基础上进行功能扩展：

- 引入 Spark 等计算框架处理数据密集型预处理任务。
- 采用 AirFlow、Oozie 或 SageMaker Pipelines 等工作流编排工具，实现 Ray 集群的动态调度与创建，以及 Ray 应用服务的运行管理。每个 Ray 应用可接入更大规模的编排工作流，与 SparkETL 作业等其他组件协同工作。
- 创建支持 Jupyter Notebook 交互的 Ray 集群，部署于 Google Colab 或 Databricks Notebooks 等平台。
- 集成特征存储工具（如 Feast 或 Tecton），Ray Train、Datasets 和 Serve 均已提供这些工具的对接支持。
- 通过 Ray Train/Tune 与 MLflow、Weights & Biases 等平台的集成，实现实验追踪和指标存储功能。
- 对接 S3 等外部存储方案进行数据和模型的持久化存储。

如图 8.8 所示，通过将 Ray 与上述组件有机结合，可构建出满足特定需求的完整机器学习平台。

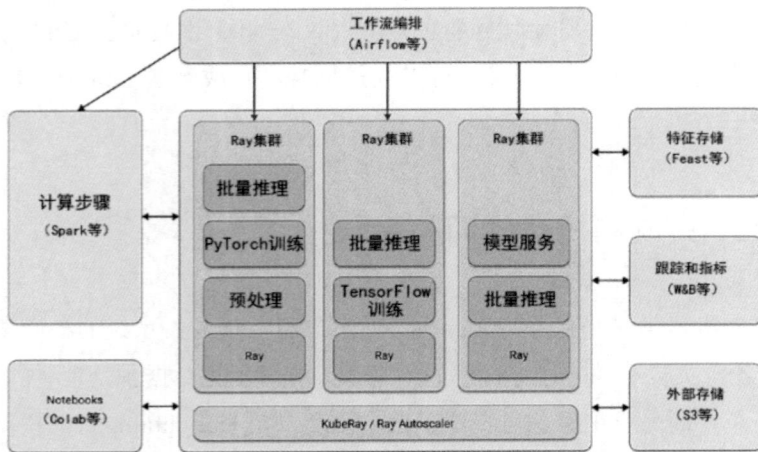

图 8.8　基于 Ray 构建机器学习平台

8.7　小结

本章深入剖析了 Ray 高级库是如何为 AI 工作流而设计的。你已掌握从实验环境到生产环境构建可扩展机器学习项目的核心方法论，重点包括使用 Ray Datasets 执行特征预处理等无状态计算、通过 Ray Train/Tune 实现模型训练等有状态计算。Ray 在复杂 AI 任务中展现独特优势，既能无缝整合多种计算范式，又具备向大规模集群扩展的能力。配合 Ray Serve 可轻松完成模型推理。

我们还系统介绍了 Ray 生态系统，帮助你在现有技术栈中融合 Ray 的实验能力。通过介绍 Ray 的局限性及对比与竞品的差异，阐述了如何结合其他工具构建或增强机器学习平台。

掌握这些知识后，你已具备开展 Ray 技术实践的坚实基础。可根据具体需求灵活选型，通过工具组合拓展机器学习能力边界。Ray 的开放式架构支持与各类技术栈集成，为平台演进提供充分弹性。

第 9 章
MLOps 展望

随着 AI/ML 技术的成熟，以及企业在获取竞争性优势方面（如提升客户体验、促进业务增长）对其依赖程度的加深，构建稳健的 MLOps 基础设施变得至关重要。正如数据基础设施已成为数据驱动型企业管理和分析数据的必备要素，MLOps 如今已发展成为企业规模化生产中有效开发、部署、管理和监控 AI/ML 模型的核心支撑体系。

9.1   MLOps 发展现状

尽管 AI/ML 具备变革商业格局的巨大潜力，企业仍需审慎应对相关挑战，并投资必要的基础设施建设以充分释放其价值。当企业将 AI/ML 战略付诸实施时，将会愈发依赖 MLOps 或机器学习基础设施来实现模型的工程化落地，并高效推进 AI/ML 项目的规模化扩展。

当前 MLOps 的发展前景比以往任何时候都更加明朗清晰。该领域已成功跨越概念炒作阶段，并得益于大语言模型（large language model，LLM）技术的突破，形成了技术与应用的双重驱动。这种融合发展趋势使我们有理由相信，MLOps 未来将在企业运营中扮演更为关键的角色。

9.1.1　机器学习开发生命周期

业界普遍认同机器学习开发与传统软件开发存在本质差异，这种差异主要源于机器学习的技术特性及其特有的关键要素—数据。数据作为机器学习开发的重要输入要素，使得整个流程在模型版本控制和可复现性方面面临显著的复杂性挑战。如图9.1所示，机器学习开发包含多个阶段。尽管它遵循特定的开发范式，但其本质上仍是一个需要大量实验迭代的持续优化过程，唯有通过充分的试验验证才能最终获得高性能模型。

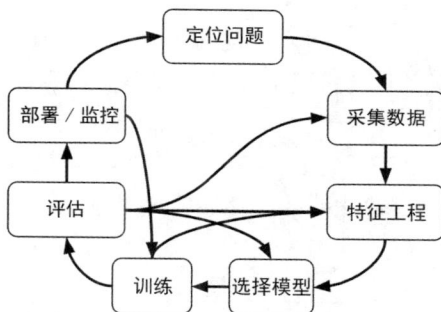

图 9.1　机器学习开发：迭代式流程

机器学习开发常被比喻为需要团队协作的系统工程，涉及数据工程师、数据科学家、机器学习工程师、业务决策者、MLOps 工程师等多个角色的协同工作。这些岗位之间的高效协作、信息互通与流程衔接，是确保机器学习项目成功实施的关键要素。

近年来，机器学习社区在深入了解开发过程的复杂性与挑战方面取得显著进展。这种进步得益于研究突破、实践经验积累以及行业知识共享等多重因素的共同推动。当前，从入门者到资深专家，各个层次的机器学习开发者都能获得丰富的学习资源支持。这些资源涵盖技术博客、专业书籍、行业会议及培训课程等多种形式，持续为开发者提供专业洞见和知识更新，助力其提升技术能力并掌握领域前沿动态。

9.1.2　机器学习基础设施架构

机器学习基础设施是由多个组件构成的动态体系，其技术栈始终处于持续演进状态。值得注意的是，没有任何单一工具能够完美满足机器学习开发全生命周期中各阶段的所有需求。对于正在加大机器学习投入并推进相关计划的企业而言，基础设施建设已成为必需的战略投资。值得欣慰的是，实践表明这类投资往往能在较短时间内实现成本回报。

经过数年企业级机器学习应用的实践积累，行业已逐步形成最佳实践方案和标准技术栈。以 AI 基础设施联盟发布的架构蓝图[①]为例（如图 9.2 所示），该框架系统梳理了机器学习基础设施的核心能力模块。这种标准化框架的主要价值在于：帮助企业显著缩短基础设施建设周期，同时有效规避实施过程中的典型误区。

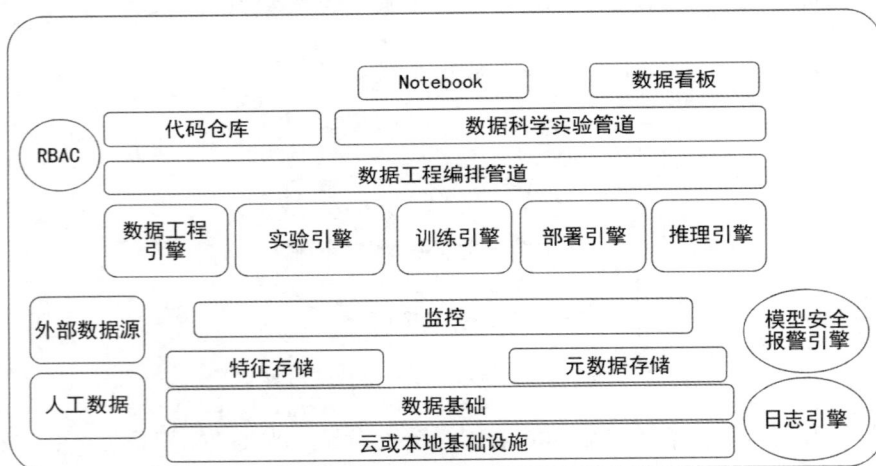

图 9.2　ML 基础设施

该蓝图作为参考框架，系统梳理了构建稳健机器学习基础设施所需的核心能力模块。虽然标准化架构为企业提供了理想的参考起点，但具体实施方案需结合企业实际需求进行调整。团队规模与技术水平、开发流程规范、技术栈偏好等关键因素，将直接影响工具选型、部署策略、监控机制等基础设施建设的各个维度。企业可根据自身特点对框架进行定

---

① AI Infrastructure Ecosystem, 2022, https://ai-infrastructure.org/ai-infrastructureecosystem-report-of-2022/

制化调整。

9.1.3 MLOps 成熟度模型

借鉴软件成熟度模型的框架体系，MLOps 领域现已形成专门用于评估企业机器学习运维能力成熟度的评估体系。这一由头部云厂商基于丰富实践经验主导构建的模型，通过明确 MLOps 实施原则与最佳实践，为企业搭建高效的机器学习运维体系提供了清晰的演进路径。

尽管行业正在形成统一的 MLOps 成熟度标准，现有评估模型已显现出显著的实用价值。这些模型不仅帮助企业精准评估基础设施建设的现状与进展，更能有效识别改进方向。通过持续优化 MLOps 实施体系，企业可收获多重效益，包括缩短模型开发周期、加速部署效率、提升模型可复现性、降低生产环境事故率，最终实现业务价值的指数级增长。

Google 与 Microsoft 分别于 2020 年发布了 MLOps 成熟度模型。Microsoft 的模型[①]将技术能力划分为五个演进阶段：

- 阶段 0——无 MLOps：完全人工操作。
- 阶段 1——DevOps 基础：在特征工程、模型训练等环节引入 DevOps 实践。
- 阶段 2——训练自动化：实现机器学习训练管道的自动化。
- 阶段 3——部署自动化：将模型自动化部署到生产环境。
- 阶段 4——全流程自动化：实现包含持续训练与部署的端到端自动化运维。

Google 的模型[②]则采用更简洁的三级划分：

- 阶段 0——人工开发：模型开发和部署全流程人工操作。
- 阶段 1——管道自动化：通过自动化管道实现模型持续训练。
- 阶段 2——CI/CD 自动化：基于 CI/CD 系统实现生产环境模型的快速迭代更新。

[①] Microsoft, Machine Learning operations maturity model, 2020, https://learn.microsoft.com/en-us/azure/architecture/ai-ml/guide/mlops-maturity-model

[②] Google, MLOps: Continuous delivery and automation pipelines in machine, learning, 2020, https://cloud.google.com/architecture/mlops-continuous-delivery-and-automationpipelines-in-machine-learning

尽管分级方式存在差异，两大模型均强调自动化是 MLOps 成熟度的核心指标。通过将特征生成、模型训练、测试验证、部署监控等环节全面自动化，企业可构建具备可靠性、可复现性、扩展性的标准化管道，从而大幅提升模型迭代效率。这种技术进化最终将帮助企业充分释放机器学习应用的战略价值。

9.1.4　MLOps 解决方案生态

过去五年间，开源社区与商业领域涌现出大量 MLOps 解决方案，形成持续扩展的技术生态。AI 基础设施联盟发布的生态图谱显示，当前该领域已汇集超过 60 家技术提供商[①]。尽管丰富的选择为企业提供了多样化方案，但在确定具体实施路径和决策切入点时，也可能面临选择困惑与时间成本问题。

企业通常倾向于避免供应商锁定，但往往受限于技术人才储备与研发资源，难以完全采用自建方案。目前主流做法是采用混合策略，结合自建系统、开源框架与商业解决方案的优势构建技术栈。

9.2　AI/ML 发展现状

AI/ML 领域正在经历战略重心转移。行业关注点已从前期技术研发转向模型的规模化生产部署。随着 AI/ML 技术日趋主流化，其商业价值创造能力得到广泛验证。数据显示，过去五年，企业 AI/ML 采用率保持稳定增长，预计这一趋势将在未来持续强化，越来越多的企业正从单点实验转向跨部门规模化应用。这种转变表明企业对 AI/ML 技术的价值实现能力抱有更强的信心。Databricks 首份《2023 数据+AI 现状报告》[②]显示，其大量企业客户

---

① AI Infrastructure Landscape, https://ai-infrastructure.org/ai-infrastructure-landscape/

② 2023 State of Data + AI, 2023, www.databricks.com/resources/ebook/state-of-data-ai

的生产环境模型部署量较上年增长了 411%，印证了该技术的加速落地趋势。

技术创新方面，深度学习与自然语言处理（NPL）的突破正在重塑多个行业格局。在交通运输领域，基于深度学习的自动驾驶系统已能实现厘米级定位精度；金融行业借助 NLP 技术，可实时解析海量市场数据并生成量化投资策略；医疗健康领域则通过医学影像分析模型提升诊断效率。

尽管应用前景广阔，企业在实施 AI/ML 项目时仍需应对关键挑战：

- 模型可解释性：深度学习模型的黑盒特性导致决策逻辑难以追溯，在涉及消费者相关信息这样的敏感数据时可能引发合规风险。
- 数据安全治理：建立完善的数据加密、访问控制与审计机制，确保符合数据隐私法规要求。
- 人才供需失衡：既懂算法又具备工程化能力的复合型人才稀缺，制约企业技术落地速度。
- 成本与投资回报率：AI/ML 项目的实施往往需要投入巨额资金，涵盖基础设施建设、人才引进及系统运维等环节。这类项目的投资回报率通常具有滞后性，企业需在短期收益与长期战略价值之间取得平衡。

生成式 AI

生成式 AI 是 AI/ML 领域的新前沿，其核心能力在于创造全新数据与内容，而不像传统 AI 那样进行数据模式分析。这类系统可生成媲美人类创作水准的文本、图像、视频、音频及代码等多元内容，为产品创新设计、个性化体验打造、艺术创作乃至音乐作曲等领域开辟了全新可能。

该技术正在重构工作流程范式，预计将对各行业生产力产生革命性影响。麦肯锡全球研究院研究报告[①]指出，在分析的 63 个应用场景中，生成式 AI 每年可为全球企业创造 2.6

---

① McKinsey & Company, The economic potential of generative AI, 2023, www.mckinsey.com/capabilities/mckinsey-digital/our-insights/the-economic-potential-of-generativeai-the-next-productivity-frontier#

万亿～4.4 万亿美元经济价值。典型应用包括智能化客户服务交互、营销内容自动生成、基于自然语言描述的代码编写等创新场景。

1. 基础模型

支撑强大生成能力的核心技术是基础模型，基础模型一词是由斯坦福大学研究者提出的新型机器学习范式[1]。这类基于深度神经网络的模型，通过自监督学习方式在海量网络数据（包括书籍、网页、公开媒体等非结构化数据）上进行预训练。与传统的单一任务模型不同，基础模型具备"一模型多用"的特性（如图 9.3 所示），这种跨任务适应能力使其成为类似"数字瑞士军刀"的多功能工具，可灵活应用于各类 AI 场景。

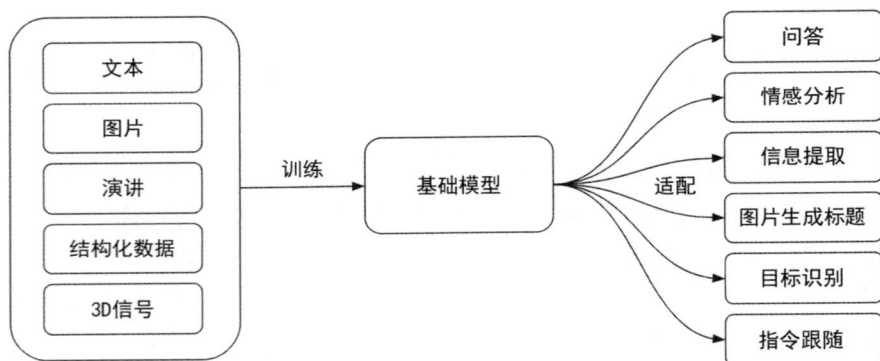

图 9.3 基于多模态数据训练并适配多种任务的基础模型[2]

2. 大语言模型

大语言模型（LLM）作为基础模型的特定类型，基于海量文本数据进行训练，核心能力聚焦于自然语言理解与文本生成。其命名中的"大"字具有双重含义，既指训练数据集的庞大规模，也体现模型架构的复杂度——通常包含千亿级参数，并需要海量算力支持。这些前沿模型采用 Transformer 神经网络架构（由 Google 开创性论文 "Attention is All You

---

[1] Rishi Bommasani, Percy Liang, Reflections on Foundation Models, https://hai.stanford.edu/news/reflections-foundation-models

[2] Center for Research on Foundation Models, On the Opportunities and Risks of Foundation Models, 2022, https://arxiv.org/pdf/2108.07258.pdf

Need"提出），该架构通过自注意力机制（self-attention）使模型能够捕捉词语间的深层关联，从而获得文本生成、多语言翻译、智能问答等突破性能力。

尽管 LLM 已展现出生成特定风格文本、跨语言翻译、文本摘要等类人能力，但其本质仍是基于人类文本语料库构建的统计分布生成式数学模型[①]。通过从概率分布中采样，这类模型能够实现精准的"下一词元预测"，从而生成上下文连贯的文本内容。

生成式预训练 Transformer（Generative Pre-trained Transformer，GPT）是 OpenAI 研发的 LLM 系列模型，其架构是基于 Transformer 的。截至本书撰写时，最新版本 GPT-4（2023年 3 月发布）已升级为多模态模型，支持图像与文本的多模态输入，并输出高质量文本。该模型的训练数据涵盖公开网络信息及第三方授权内容。OpenAI 官方技术博客[②]披露，GPT-4 虽在现实场景中仍存在局限性，但在多项专业测评中已展现出接近人类水平的性能表现。

3. AI 智能体

ChatGPT 作为 GPT 模型的专项应用，针对对话任务进行了微调优化，已发展成为聊天机器人、虚拟助手等交互场景的核心工具。该工具通过持续追踪对话上下文，能够生成语义连贯且符合场景需求的响应，显著提升人机交互质量。

自 2022 年发布以来，ChatGPT 凭借先发优势持续领跑市场。当前行业已涌现出多个竞品，包括 Google 的 Bard、微软的 Bing AI Chat 以及 Anthropic 的 Claude 2。预计未来将有更多替代方案进入该领域。

在编程辅助领域，GitHub Copilot 与 Amazon CodeWhisperer 基于大语言模型技术，为开发者提供集成开发环境内的实时代码建议。这类工具通过智能补全和语法修正功能，有效提升软件开发效率。

图像生成领域的代表性工具包括 Stable Diffusion、DALL-E 3 和 Midjourney，它们正在重塑数字内容创作方式。

如图 9.4 所示，生成式 AI、基础模型、大语言模型与 AI 智能体之间存在着清晰的演进关系和技术依赖，该架构图可帮助读者直观地理解技术体系的内在关联。

[①] Murray Shanahan, Talking About Large Language Models, 2022, https://arxiv.org/pdf/2212.03551.pdf

[②] OpenAI, GPT-4, 2023, https://openai.com/research/gpt-4

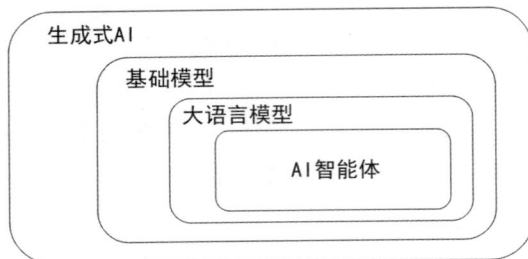

图 9.4　AI 技术架构与模块协同关系

4. 负责任的 AI

OpenAI 首席执行官 Sam Altman 在接受《时代》杂志专访时表示，AI 将成为 21 世纪最具颠覆性的技术革新[①]。但这项突破性技术仍存在四大核心风险，包括幻觉、错误信息、偏见与安全漏洞：

- 幻觉：生成式 AI 模型可能产生缺乏事实依据的错误信息，表现为虚构事实或错误陈述。该问题是当前重点研究方向，企业部署应用时需建立评估体系与实时监控机制。

- 错误信息：技术滥用可能批量生成伪造名人代言、政治演说等欺诈性内容。为应对这一全球性挑战，业界倡导多方协同的解决方案，涵盖技术伦理、法律监管与公众教育等维度[②]。

- 偏见：训练数据中的社会偏见可能导致模型输出歧视性内容。缓解措施包括构建多样化的数据筛选标准、部署偏见检测算法、制定 AI 伦理使用规范等。

- 安全风险：主要体现为提示词注入攻击（prompt injection）和越狱攻击（jailbreaking）。前者通过恶意指令诱导模型输出危险内容，后者旨在突破模型安全防护机制。这要求企业部署多层次防御体系。

值得关注的是，全球头部 AI 企业与各国政府已启动联合安全评估计划。在 2023 年伦

[①] Simmone Shah, Sam Altman on OpenAI, Future Risks and Rewards, and Artificial General Intelligence, 2023, https://time.com/6344160/a-year-in-time-ceo-interview-sam-altman/

[②] Mohamed Shoaib, Zefan Wang, Milad Ahvanooey, Jun Zhao, Deepfakes, Misinformation, and Disinformation in the Era of Frontier AI, Generative AI, and Large AI Models, 2023, https://arxiv.org/pdf/2311.17394.pdf

敦 AI 安全峰会上成立的 AI 安全研究院[①]，获得多国首脑与科技巨头 CEO 的积极响应，标志着国际社会对 AI 风险治理达成初步共识。

5. 通用人工智能

自 2023 年 3 月 GPT-4 发布后，关于通用人工智能（AGI）的讨论热度显著攀升。该术语由 DeepMind 联合创始人 Shane Legg 在 20 年前与同僚探讨 AI 论文时重新提出，用以描述当时 AI 系统尚未实现的通用性能力[②]。

作为 AI 研究领域最具争议的议题，AGI 的定义分歧主要源于学术界缺乏统一标准。2023 年 11 月，Google DeepMind 研究团队在突破性论文中提出了 AGI 能力分级框架[③]，该体系包含明确定义的原则，并参照自动驾驶分级标准构建了 AGI 六级评估体系，旨在建立模型比较、风险评估及发展进程监测的统一基准。

9.3　大语言模型运维的崛起

大语言模型的技术突破催生了生成式 AI 应用范式。企业在探索该技术边界时，面临着 LLM 规模化部署的工程化挑战，这些挑战主要源自模型参数量级（千亿级）、文本交互模式等特性。

为此，专注于 LLM 应用全生命周期管理的大语言模型运维（language model operations，LLMOps）技术体系应运而生。作为 MLOps 的演进方向，LLMOps 通过标准化工具链与最佳实践，着力解决开源/闭源 LLM 的部署难题，其核心目标与 MLOps 一脉相承，即加速

[①]　UK Prime Minister's Office, Prime Minister launches new AI Safety Institute, 2023, www.gov.uk/government/news/prime-minister-launches-new-ai-safety-institute

[②]　William Heaven, Artificial general intelligence: Are we close, and does it even make sense to try?, 2020, www.technology review.com/2020/10/15/1010461/artificial-general-intelligence-robots-ai-agi-deepmind-google-openai/

[③]　Meredith Morris, Jascha Sohl-dickstein, Noah Fiedel, Tris Warkentin, Allan Dafoe, Aleksandra Faust, Clement Farabet, Shane Legg, Levels of AGI: Operationalizing Progress on the Path to AGI, 2023, https://arxiv.org/pdf/2311.02462.pdf

LLM 应用的开发迭代与生产部署。

9.3.1 LLM 应用架构原型

理解 LLMOps 技术体系需从 LLM 应用架构原型切入。这些原型具有渐进式集成特性，可通过组合方式构建复杂系统。

1. 提示工程

作为三类原型中的基础形态（如图 9.5 所示），该架构通过向 LLM 发送结构化指令（即提示词）驱动内容生成。优化提示词设计以获取最优输出的技术被称作提示工程。当前主流商用 LLM 包括 OpenAI 的 GPT-4、Google 的 Gemini、Anthropic 的 Claude 2 等。

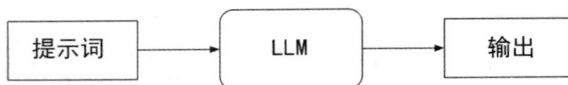

```
┌────────┐      ┌────────┐      ┌────────┐
│ 提示词 │ ───→ │  LLM   │ ───→ │  输出  │
└────────┘      └────────┘      └────────┘
```

图 9.5　提示工程应用原型

该架构通过精心设计的提示词执行多样化自然语言处理任务，典型场景包括文本摘要生成、关键信息抽取、文本分类以及代码自动生成等。

从 LLMOps 实施维度看，此类应用的核心运维挑战聚焦于提示词全生命周期管理，具体包含提示词设计验证、版本控制、运行日志、监控告警等关键环节。

2. 检索增强生成

检索增强生成（RAG）技术已成为大语言模型应用开发的主流范式，它通过融合大语言模型的生成能力与外部知识库的精准数据，显著提升输出结果的准确性与可信度。

大语言模型常常存在事实不一致以及缺乏上下文的问题。它们主要依赖于其内部的统计模型，这可能会产生富有创造性但潜在不准确的输出结果。检索增强生成方法通过引入事实依据和外部数据来帮助弥补这一差距。从本质上讲，这是一种利用现实世界知识来提升大语言模型的方式。

检索增强生成方法之所以受到欢迎，是因为经过研究[①]发现，它是解决上述差距的一种有效方法。这对于那些需要企业特定领域信息的大语言模型应用来说至关重要，而且这些信息可能会频繁变化。这对于基于检索增强生成方法且需要整合公司专有数据的企业大语言模型应用尤其适用。

应用广泛的检索增强生成方法特别适用于那些对准确性要求较高且需要特定领域信息的大语言模型应用场景，包括问答系统、文档摘要系统、内容创作、聊天机器人、法律研究系统等。

从高层次来看，基于检索增强生成的应用架构包含的组件包括将特定领域数据转换为向量嵌入的组件、将这些数据及其相关元数据加载到向量数据库的组件、查询向量数据库的组件，以及在将内容发送到大语言模型之前，将找到的文本与提示词进行结合的组件。图 9.6 仅描绘了内容生成阶段的流程。

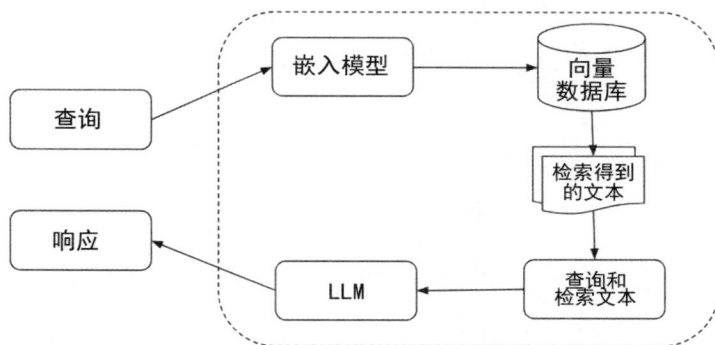

图 9.6　基于 RAG 的内容生成流程

从 LLMOps 实施维度来看，RAG 应用落地的核心挑战聚焦三大模块：

- 自动化数据处理管道：实现数据分块、向量嵌入生成及可靠存储。
- 向量数据库生产化部署：确保可扩展性、可靠性及性能监控。
- 检索过程可观测性：记录查询日志并监控检索质量。

[①] Aleksandra Piktus, Fabio Petroni, Vladimir Karpukhin, Naman Goyal, Heinrich Kuttler, Mike Lewis, Wen-tau Yih, Tim Rocktaschel, Sebastian Ridel, Douwe Kiela, Retrieval-Augmented Generation for Knowledge-Intensive NLP tasks, 2021, https://arxiv.org/pdf/2005.11401.pdf

3. 微调

尽管大语言模型具备通用语义理解能力，但在专业领域任务中往往表现不足。大语言模型微调方法通过领域知识注入，已成为提升模型专业性能的核心技术。2023 年下半年，随着 Llama 2、Mistral 等轻量高效模型的开源，该技术的应用呈现爆发式增长。

随着大语言模型微调方法日益成熟且更易于使用，在保留大语言模型通用语言能力的同时，构建具有企业级性能、可执行特定任务的大语言模型应用程序正变得越来越可行。

大语言模型微调过程包括采用预训练的大语言模型（无论是供应商提供的还是开源的），然后在规模较小的、特定领域的数据集上对其进行进一步训练。如图 9.7 所示，通过在特定情境中用专业知识扩充其现有知识，这一过程优化了模型的能力。因此，它能显著提高处理那些特定任务时的准确性和性能。不过，需要牢记的是，大语言模型微调并不会从根本上改变模型的底层能力，它只是针对特定任务对这些能力进行了提升。

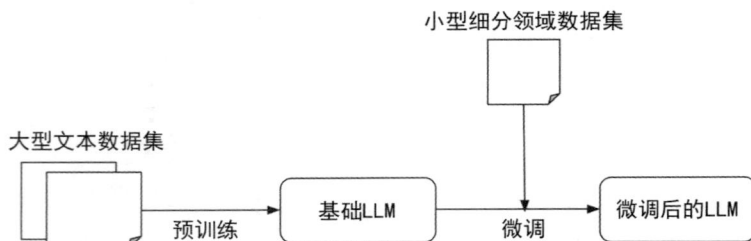

图 9.7　大语言模型微调核心流程

LLM 微调虽然效果显著，但属于计算资源密集型任务，需要多 GPU 集群与大容量显存支持。为应对这些挑战，机器学习社区开发了 LoRA（low-rank adaptation，低秩自适应）[①]等参数高效微调（parameter efficient fine-tuning，PEFT）技术，通过大幅减少可训练参数量来提升效率。

从 LLMOps 实施维度来看，微调应用的工程化挑战主要包含：

● 构建标准化微调管道：支持配置化参数输入与可重复实验。

● 最小化用户操作，仅需提供以下要素。

[①]　Edward Hu, Yelong Shen, Philip Wallis, Zeyuan Zhu, Yuanzhi Li, Shean Wang, Lu Wang, Weizhu Chen, LoRA: Low-Rank Adaptation of Large Language Models, 2021, https://arxiv.org/abs/2106.09685

- 领域专用微调数据集（通常规模较小）。
- 基础 LLM（商业或开源）。
- 模型验证数据集。
- GPU 资源配置（GPU 数量与显存容量）。
- 超参数组合（学习率、训练轮次等）。
- 微调算法选择与参数配置。
- 计算集群部署：满足分布式训练的资源需求。
- 训练过程可观测性：记录训练时长、资源利用率与关键指标。
- 模型推理平台：支持微调后模型的在线部署。

模型训练与 LLM 微调的核心差异

虽然模型训练过程和大语言模型微调过程确实存在相似之处，但也有一些值得注意的关键区别：

- 显存瓶颈：由于大语言模型规模庞大，对它们进行微调通常需要更多的硬件内存，这可能会导致更高的内存和 GPU 使用成本。
- 硬件成本：由于对大语言模型进行微调在计算上可能需要耗费大量资源，可能需要使用功能强大的 GPU，而获取和维护这些 GPU 的成本可能很高。
- 供给紧张：对用于大语言模型微调以及服务的图形处理器的需求不断增加，导致了 GPU 的短缺，这进一步加剧了成本问题，并且延长了获取 GPU 的等待时间。

4. 多原型融合架构

随着技术演进，结合提示工程、RAG 与模型微调的融合架构，正成为企业级 LLM 应用的新标准。这种集成方案在电商智能客服、医疗诊断辅助等场景展现了显著优势，但其实现需要完善的 LLMOps 技术栈支撑，我们将在后续章节深入探讨。

9.3.2　LLMOps 技术栈

尽管 LLMOps 技术生态仍处于萌芽期并持续演进，前文所述应用原型为构建稳健的

LLMOps 技术栈提供了关键架构参考。

知名科技投资机构 Andreessen Horowitz 在 2023 年的技术博客《大语言模型应用的新兴架构》①中，系统性地提出了 LLM 应用技术栈的完整参考架构（如图 9.8 所示），该架构已成为行业重要基准。

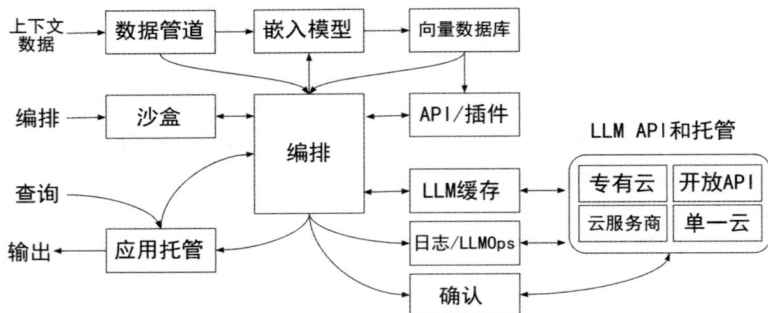

图 9.8　A16Z 提出的 LLM 应用新兴技术架构 [17]

该技术博客在探讨 LLM 应用架构的同时，隐含了支持标准工作流的 LLMOps 技术栈核心模块，包括数据预处理与向量嵌入生成、提示工程与知识检索、LLM 推理服务等关键技术组件。

行业领军企业如 LinkedIn 与 Uber 正在引领生成式 AI 平台化进程。以 Uber 为例，其机器学习平台 Michelangelo 正在进行架构升级，新增 API 网关、提示工程工具链、幻觉检测等 LLM 专属模块。这一进展在 2023 年@Scale 技术大会上由 Min Cai 的主题演讲②首次披露。

鉴于大语言模型技术的快速演进，业界现有技术架构将面临持续迭代。图 9.9 所示企业级 LLM 技术栈蓝图梳理了六大核心组件。下文将从工程实施维度，逐层解析各模块的技术要点与功能定位，以此展现企业级 LLM 应用落地的技术挑战。

---

① Matt Bornstein, Rajko Radovanovic, Emerging Architectures for LLM Applications, 2023, https://a16z.com/emerging-architectures-for-llm-applications/

② Min Cai, Michelangelo ML Platform at Uber: Past, Present and Future, 2023, www.youtube.com/watch?v=Z3-HddkYgyI

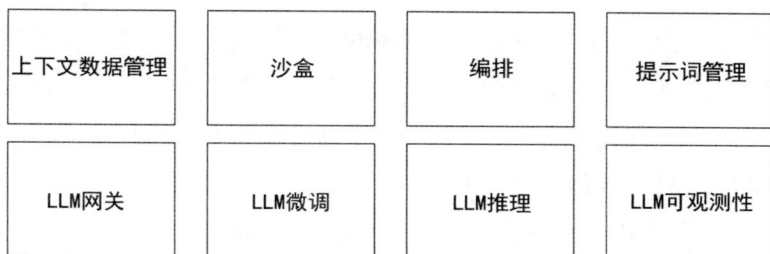

| 上下文数据管理 | 沙盒 | 编排 | 提示词管理 |
| LLM网关 | LLM微调 | LLM推理 | LLM可观测性 |

图 9.9　LLM 技术栈蓝图

- 上下文数据管理：基于 RAG 的 LLM 应用依赖三大核心能力，包括自动化向量嵌入生成管道、领域知识检索优化、生产级向量数据库选型。其中，支持语义搜索的分布式向量数据库选型，对 RAG 应用架构具有决定性作用。

- 沙盒：对于企业而言，培养对大语言模型进行试验和探索的精神至关重要。沙盒是一个用于测试和试验各种大语言模型的交互式环境。它是一个极具价值的教育工具，有助于推动大语言模型的发展并增进对其的理解。大语言模型能为企业的业务带来的价值，取决于该组织对这项技术的了解程度以及基于此产生的直觉判断。

- 编排：复杂 LLM 应用需集成知识检索、提示链构建、状态维护等模块。编排引擎通过标准化接口抽象技术细节，降低开发门槛。

- 提示词管理：提示词是与大语言模型进行交互的主要方式，并且它们在决定模型回答质量方面起着关键作用。有效的提示词管理对于确保提示词经过精心设计、充分测试以及进行恰当的版本控制和记录至关重要。这需要一个全面的流程和可用于实际生产的技术，以便有效地管理提示词。

- LLM 网关：为了避免被供应商锁定，并充分利用多个大语言模型的独特能力，大语言模型应用程序通常需要与多个模型进行交互。大语言模型网关通过充当中央访问点，在促进这一过程中发挥着关键作用。除了单纯的访问功能外，它还提供诸如日志记录、审计、负载均衡、速率限制和流量控制等重要功能，确保与大语言模型的交互能够得到有效且高效的管理。大语言模型网关使企业能够构建灵活且可扩展的大语言模型应用程序，从而充分利用各类优秀的大语言模型。

- **LLM 微调**：定制化往往是企业大语言模型应用取得成功的关键所在。通过微调让大语言模型适应特定任务将成为一种常见做法。然而，这一计算密集型的过程可能成本高昂且耗时，还需要进行反复试验。为了大规模支持对大语言模型进行有效且高效的微调，企业需要能够使用强大的基础设施和工具，这些设施和工具能够简化微调过程并降低相关成本。这包括能够满足微调计算需求的硬件和软件系统，以及能够指导微调过程并优化结果的专家支持。

- **模型推理**：大语言模型推理通常与大语言模型微调紧密相关，因为它涉及托管、部署和提供微调后的模型。大语言模型推理基础设施在实现这些模型的有效部署和管理方面起着关键作用。它在推理过程中采用了各种优化技术，包括加快响应时间、提高吞吐量以及最大化计算效率。这确保了经过微调的大语言模型能够在现实世界的大语言模型应用中得到有效利用，并实现预期的性能和功能。

- **LLM 可观测性**：涵盖了两个关键方面，即大语言模型评估和大语言模型监测。由于评估基于文本的输出质量具有复杂性，对大语言模型进行评估可能颇具挑战性。这需要强大的基础设施和严格的评估技术，以确保模型在回答中达到准确性、公平性和稳健性的高标准。大语言模型监测是一个持续的过程，随着时间推移对模型的性能进行监测，以确保它们符合预期的性能标准。这包括监测提供给模型的提示词、模型的回答以及各种运行指标。

企业内部正在开发的大语言模型的具体用例以及大语言模型应用的类型，将指导决策过程，以确定大语言模型技术栈中每个组件所需的复杂程度。例如，一家专注于为特定用例开发单个高度定制化大语言模型应用的公司，可能需要一个更为复杂的大语言模型微调组件；而一家致力于开发一系列更广泛领域大语言模型应用的公司，则可能会优先考虑构建一个更强大的大语言模型推理基础设施。了解组织的具体需求和优先事项，对于就如何分配资源以及构建一个可扩展、灵活且有效的大语言模型技术栈做出明智决策至关重要。

大语言模型运营仍是一个相对新兴的学科。随着大语言模型和大语言模型应用在行业中变得越来越普遍，预计它将继续发展和演变。

9.4　小结

随着 AI/ML 技术日趋成熟并持续释放商业价值，MLOps 领域正迎来黄金发展期。作为被广泛采纳的技术实践体系，MLOps 通过标准化工具链加速模型开发迭代，确保机器学习模型能够以可重复、高可靠的方式投入生产环境。开源社区与技术厂商的共同努力，为企业构建机器学习基础设施提供了前所未有的多样化选择。

在 MLOps 实施的高级阶段，采用成熟度评估框架对持续优化运维效能至关重要。该框架不仅提升模型部署效率，更显著缩短机器学习项目投资回报率周期，实现技术价值的最大化释放。

随着生成式人工智能的到来，AI/ML 领域正在迅速扩展。这个充满活力的领域涉及运用前沿的深度学习技术，利用来自书籍、互联网和其他来源的大量内容来训练大语言模型。这些模型能够生成新的内容，如文本、图像、代码和音乐，从而颠覆了各个领域的内容创作方式。这项令人兴奋的技术有潜力极大地加速各行业的创新并提高生产力。然而，在带来兴奋的同时，这项技术也引发了有关其可能被滥用、被操纵以及产生错误信息等方面的伦理考量和挑战。

各家企业正在探索如何利用大语言模型的强大能力，并积极学习构建和实现大语言模型应用程序的实际操作方法。目前已经出现了几种常见的大语言模型应用原型。管理和运用大语言模型需要新型基础设施和专业知识。大语言模型运营是一套专门为大语言模型量身定制的实践方法和工具，它是一个新兴领域，对于构建和实现大语言模型应用程序至关重要。机器学习社区和 MLOps 供应商正在积极开发蓝图和技术栈，以帮助各组织应对在处理这些复杂任务时所面临的挑战。